Hochschild 同调和上同调

陈媛 著

科学出版社

北京

内 容 简 介

本书分两部分. 第一部分介绍代数的 Hochschild 同调与上同调, 其中包括三类特殊 Koszul 代数的 Hochschild 同调和上同调群的计算, 以及两类代数的 Hochschild 上同调环的结构刻画. 第二部分介绍代数的模-相对 Hochschild 同调与上同调及形式光滑性问题, 着重介绍几类特殊构造下代数的模-相对 Hochschild (上)同调, 以及 Morita 型稳定下代数的模-相对 Hochschild (上)同调, 并利用同调方法进一步探讨了代数的形式光滑性问题.

本书可作为代数表示理论研究领域的高年级本科生、研究生、教师和相关科研人员的参考用书.

图书在版编目(CIP)数据

Hochschild 同调和上同调/陈媛著. —北京: 科学出版社, 2017.12
ISBN 978-7-03-055768-1

I. ①H… II. ①陈… III. ①同调代数 IV. ①O154

中国版本图书馆 CIP 数据核字(2017) 第 298564 号

责任编辑: 李静科 / 责任校对: 王萌萌
责任印制: 张 伟 / 封面设计: 陈 敬

科 学 出 版 社 出版
北京东黄城根北街 16 号
邮政编码: 100717
http://www.sciencep.com

北京虎彩文化传播有限公司 印刷
科学出版社发行 各地新华书店经销

2017 年 12 月第 一 版　开本: 720×1000 B5
2019 年 1 月第二次印刷　印张: 7 1/2
字数: 151 000
定价: 49.00 元
(如有印装质量问题, 我社负责调换)

前　言

代数的 Hochschild 同调和上同调理论是 20 世纪 40 年代发展起来的一门重要的数学分支. 近年来, 有限维结合代数的 Hochschild 同调和上同调得到了广泛的研究, 在数学及物理等很多领域扮演着重要的角色. 尤其是低维的 Hochschild 同调群和上同调群, 在代数表示论中有着重要的作用. 同调群与代数的整体维数和定向圈等密切相关, 而上同调群则与代数的单连通性以及形变理论等有着紧密的联系.

模-相对 Hochschild (上) 同调实际上是通常的 Hochschild (上) 同调的一种推广. 它们是 Ardizzoni 等在 2008 年研究代数的形式光滑性以及形式光滑双模时引入的. 这一概念在非交换代数几何中扮演着重要角色, 它给出了可分双模以及形式光滑双模的一种刻画. 目前, 形式光滑对象已成为非交换代数几何的重要研究对象之一. 研究者们不再局限于从非交换几何方面研究光滑代数, 而是进一步地从代数的角度, 利用同调方法如模-相对 Hochschild 上同调来研究形式光滑性问题.

本书分为两个部分, 分别介绍代数的 Hochschild (上) 同调和模-相对 Hochschild (上) 同调. Hochschild (上) 同调方面, 主要侧重于 Hochschild 同调群和上同调群的计算问题, 以及上同调环的乘法结构的刻画; 模-相对 Hochschild (上) 同调方面, 主要侧重于代数间模-相对 Hochschild (上) 同调之间的关系研究. 本书较详细地叙述了最基本的理论和方法, 并力求包括近年的研究进展.

本书第 1~6 章主要探讨代数的 Hochschild 同调和上同调: 利用组合的方法, 给出三类特殊 Koszul 代数的 Hochschild 同调和上同调群的计算, 并分别给出两类重要代数 Hochschild 上同调的 Cup 积和 Gerstenhaber 括号积的刻画, 以期让读者了解到计算代数的 Hochschild 同调和上同调群维数, 以及刻画 Hochschild 上同调乘法结构的一般方法. 第 7~9 章探讨代数的模-相对 Hochschild 同调与上同调: 着重从表示论的角度, 刻画几种特殊构造下代数的模-相对 Hochschild (上) 同调之间的关系; 证明代数的模-相对 Hochschild (上) 同调也是 Morita 型稳定等价下的不变量; 进一步地, 利用同调方法, 探讨代数间的形式光滑性等问题.

目前关于 Hochschild 同调和上同调理论方面的专著还很少. 本书介绍的是我近些年的一些工作, 主要由国家自然科学基金 (No. 11126110, No. 11301161) 资助. 在此, 对所有合作者们表示衷心的感谢! 限于笔者的知识及水平, 书中难免有疏漏之处, 恳请读者批评指正.

陈　媛
2017 年 10 月

目 录

前言

第 1 章 Hochschild 同调群和上同调群 ························1
- 1.1 基本概念 ························1
- 1.2 双模投射分解 ························2
  - 1.2.1 Happel 分解 ························2
  - 1.2.2 Bardzell 分解 ························3
  - 1.2.3 Koszul 分解 ························3
- 1.3 Koszul 代数 ························4
  - 1.3.1 二元广义外代数 ························5
  - 1.3.2 自入射 Koszul 特殊双列代数 ························5
  - 1.3.3 对应于根双模的拟遗传代数 ························7
- 1.4 Hochschild 上同调的乘法结构 ························8

第 2 章 二元广义外代数的 Hochschild 同调群 ························10
- 2.1 极小投射分解 ························10
- 2.2 Hochschild 同调群 ························11

第 3 章 一类自入射 Koszul 特殊双列代数的 Hochschild 同调群 ························18
- 3.1 极小投射分解 ························18
- 3.2 Hochschild 同调群 ························19

第 4 章 对应于根双模的拟遗传代数的 Hochschild 上同调群 ························33
- 4.1 对应于根双模的拟遗传代数 ························33
- 4.2 极小投射分解 ························34
- 4.3 Hochschild 上同调群 ························35

第 5 章 Temperley-Lieb 代数的 Hochschild 上同调 ························42
- 5.1 Temperley-Lieb 代数 ························42
- 5.2 极小投射分解 ························43
- 5.3 Hochschild 上同调群 ························44
- 5.4 Cup 积 ························49

第 6 章 二次三角零关系代数的 Hochschild 上同调 ························54
- 6.1 二次三角零关系代数 ························54

  6.2 投射分解和比较映射 · 55
  6.3 李括号积 · 56
  6.4 二次零关系代数的极小括号积 · 58
  6.5 在 Fibonacci 代数上的应用 · 62

第 7 章 模-相对 Hochschild 同调与上同调 · 66
  7.1 预备知识 · 66
    7.1.1 由满态射构成的投射类 · 66
    7.1.2 $\mathcal{E}$-导出函子 · 67
    7.1.3 闭的投射类的一个例子 · 68
  7.2 模-相对 Hochschild (上) 同调 · 69
  7.3 可分双模和形式光滑双模 · 74
  7.4 一些同调事实 · 75

第 8 章 某些特殊构造下代数的模-相对 Hochschild (上) 同调 · · 77
  8.1 基础环扩张 · 77
  8.2 代数的直积 · 81
  8.3 代数的张量积 · 83
    8.3.1 模-相对投射分解 · 84
    8.3.2 模-相对 Hochschild (上) 同调 · · · · · · · · · · · · · · · · · · 88

第 9 章 Morita 型稳定等价下的模-相对 Hochschild (上) 同调 · · · 91
  9.1 Morita 型稳定等价 · 91
  9.2 Morita 型稳定等价下的模-相对 Hochschild 同调与上同调 · · · 92
  9.3 Morita 型稳定等价下通常的 Hochschild 同调和上同调 · · · · · · · · · 99
  9.4 例子 · 102

参考文献 ·104

第1章 Hochschild 同调群和上同调群

1.1 基本概念

设 A 是域 k 上的有限维结合代数 (含单位元 1), $A^e = A \otimes_k A^{op}$ 是 A 的包络代数, 其中 A^{op} 是代数 A 的反代数. M 是 k 上有限维 A-A-双模, 则 Hochschild 复形 $C^\bullet = (C^i, d^i)_{i \in \mathbb{Z}}$ 定义如下:

$$C^i = 0, \ \forall\, i < 0; \quad C^0 = M; \quad C^i = \mathrm{Hom}_k(A^{\otimes i}, M), \ \forall\, i > 0,$$

其中 $A^{\otimes i}$ 表示 k 上的张量积 $A \otimes_k A \otimes_k \cdots \otimes_k A$(共有 i 次), 映射为

$$d^0: M \to \mathrm{Hom}_k(A, M), \ \ d^0(m) = [-, m], \ \ \text{其中} \ [-, m](a) = am - ma, \ \forall\, a \in A;$$

$d^i : C^i \to C^{i+1}$ 由下述法则给出: $\forall f \in C^i,\ a_1 \otimes \cdots \otimes a_{i+1} \in A^{\otimes(i+1)}$,

$$(d^i f)(a_1 \otimes \cdots \otimes a_{i+1}) = a_1 f(a_2 \otimes \cdots \otimes a_{i+1})$$
$$+ \sum_{j=1}^{i} (-1)^j f(a_1 \otimes \cdots \otimes a_j a_{j+1} \otimes \cdots \otimes a_{i+1})$$
$$+ (-1)^{i+1} f(a_1 \otimes \cdots \otimes a_i) \cdot a_{i+1}.$$

直接代入验证可知 $d^i d^{i+1} = 0$. 由此定义

$$\mathrm{H}^i(A, M) = \mathrm{H}^i(C^\bullet) = \mathrm{Ker} d^i / \mathrm{Im} d^{i-1}, \quad \forall\, i \in \mathbb{Z},$$

称为 A 的系数在 M 中的第 i 次 Hochschild 上同调群.

若取 $M = A$, 则记 $\mathrm{HH}^i(A) := \mathrm{H}^i(A, A)$, 称为 A 的第 i 次 Hochschild 上同调群. 此上同调群为 Hochschild 于 1945 年引进的[87].

而 Hochschild 同调群并非 Hochschild 本人所引进, 它首先出现在文献 [38] 中. 考虑 Hochschild 复形

$$\cdots \to A^{\otimes(i+1)} \xrightarrow{d_i} A^{\otimes i} \xrightarrow{d_{i-1}} \cdots \xrightarrow{d_2} A \otimes A \xrightarrow{d_1} A \xrightarrow{d_0} 0,$$

其中

$$d_i(a_1 \otimes \cdots \otimes a_{i+1}) = \sum_{j=1}^{i} (-1)^{j-1}(a_1 \otimes \cdots \otimes a_j a_{j+1} \otimes \cdots \otimes a_{i+1}) + (-1)^i (a_1 \otimes \cdots \otimes a_i) \cdot a_{i+1}.$$

令
$$\mathrm{HH}_i(A) = \mathrm{Ker}\, d_i / \mathrm{Im}\, d_{i+1}, \quad i \geqslant 0,$$
则
$$\mathrm{HH}_i(A) \cong \mathrm{Tor}_i^{A^e}(A,A) \cong D\mathrm{Ext}_{A^e}^i(A, D(A)), \quad D = \mathrm{Hom}_k(-, k)$$
称为 A 的第 i 次 Hochschild 同调群.

从而, A 的第 i 次 Hochschild 同调群与上同调群[108] 也可分别定义为
$$\mathrm{HH}_i(A) = \mathrm{Tor}_i^{A^e}(A,A) \quad \text{与} \quad \mathrm{HH}^i(A) = \mathrm{Ext}_{A^e}^i(A,A).$$

Hochschild (上) 同调理论, 尤其是低维 (上) 同调群在表示论中具有重要的作用: Gerstenhaber 证明了 $\mathrm{HH}^2(A)$ 与 A 的形变理论有着紧密的联系[70], 而 $\mathrm{HH}^1(A)$ 与代数 A 的 Gabriel 箭图顶点的可分性质与单连通性密切相关[8, 82, 128, 155], Happel 证明了代数闭域上的有限表示型代数是单连通的当且仅当它的 Auslander 代数的一阶上同调群为零[83]. 人们也猜想代数闭域上的有限维代数, 如果它的一阶上同调群消失, 那么它的 Gabriel 箭图没有定向圈. 但这是不正确的, Buchweitz 和 Liu 举出了反例[31], 于是人们又猜想倾斜代数是单连通的当且仅当它的一阶上同调群消失. 这对驯顺倾斜代数证明是正确的[9]. 一阶和二阶 Hochschild 上同调群的消失与代数的表示型也有着紧密的联系[67, 82, 128]. 而同调群则与代数的整体维数及定向圈密切相关[14, 80, 89].

1.2 双模投射分解

计算代数 Hochschild 同调群与上同调群通常有两种方法: 一是利用上述 Hochschild 同调与上同调群的导出函子的定义; 二是利用谱序列的方法[5]. 这里我们重点介绍第一种方法, 欲计算 $\mathrm{HH}^i(A)$ 和 $\mathrm{HH}_i(A)$, 首先需要构造便于应用的 A 在 A^e 上的双模投射分解. 这方面有不少工作, 因为这是一项很基本的工作. 然而给出的投射分解要适合不同的计算是困难的. 常用的投射分解有标准 bar 分解、约化 bar 分解、极小双模投射分解等 (见第 6 章). 其中利用极小分解来计算 Hochschild 同调群与上同调群相对来说是最简便的. 然而, 即便知道代数的极小双模投射分解, 一般情况下想计算其 Hochschild 同调与上同调群也是比较困难的. 关于各种代数的极小双模投射分解, 参见文献 [15, 29, 33, 74, 75, 79, 82, 130, 149]. 这里我们简单介绍其中三种.

1.2.1 Happel 分解

首先介绍 Happel 给出的一种极小双模投射分解[82], 它本质上是用箭图的语言给出的. 为此, 设 $\{e_1, e_2, \cdots, e_n\}$ 是 A 的正交本原幂等元的一个完全集. 令

1.2 双模投射分解

$P(i) = Ae_i$, $S(i) = P(i)/\text{rad}P(i)$, 则 $S(1), \cdots, S(n)$ 是单 A-模的完全集. 于是 $\{e_i \otimes e_j' | 1 \leqslant i, j \leqslant n\}$ 是 A^e 的正交本原幂等元的一个完全集. 记 $P(i,j') = A^e(e_i \otimes e_j') = Ae_i \otimes (e_j A)'$, 由此得到全体不可分解投射 A^e-模. 令 $S(i,j') = P(i,j')/\text{rad}P(i,j')$. 则有如下结论.

定理 1.1[82] 设 $\cdots \longrightarrow R_n \xrightarrow{d_{n-1}} R_{n-1} \longrightarrow \cdots \longrightarrow R_1 \xrightarrow{d_0} R_0 \xrightarrow{d_{-1}} A \longrightarrow 0$ 是 A 在 A^e 上的一个极小投射分解, 则

$$R_n = \bigoplus_{i,j} P(i,j')^{r_{i,j,n}},$$

其中 $r_{i,j,n} = \dim \text{Ext}_A^n(S(j), S(i))$.

值得注意的是, Happel 分解中微分映射 d_i 并未给出. 一般情况下 Happel 分解并不能直接用于计算 Hochschild 同调群和上同调群. 然而对于一些特殊代数: 遗传代数[82]、单项半交换的 Schurian 代数[82], 以及截面基本圈代数[153] 等, 利用 Happel 极小双模投射分解, 各阶 Hochschild 上同调群被计算.

1.2.2 Bardzell 分解

Bardzell 在文献 [15] 中构造了单项式代数的一种极小双模投射分解.

定理 1.2[15] 设 Q 是一个有限箭图, $A = kQ/I$ 是一个单项式代数. 进一步地, 假定对某个整数 $N \geqslant 2$, $J^N \subset I \subset J^2$, 则

$$\cdots \longrightarrow P_{n+1} \xrightarrow{\phi_{n+1}} P_n \xrightarrow{\phi_n} \cdots \xrightarrow{\phi_3} P_2 \xrightarrow{\phi_2} P_1 \xrightarrow{\phi_1} P_0 \xrightarrow{\pi} A \to 0,$$

其中

$$P_n = \coprod_{p^n \in AP(n)} Ao(p^n) \otimes_k t(p^n)A,$$

$AP(n)$ 和 ϕ_* 详见文献 [15].

第 4 章我们将利用 Bardzell 极小双模投射分解, 得到对应于根双模的拟遗传代数的一个极小双模投射分解. Butler 和 King 在文献 [33] 中给出了单项式代数的另一种极小双模投射分解.

1.2.3 Koszul 分解

Green 等在文献 [75] 中给出了 Koszul 代数的极小双模投射分解.

定理 1.3[75] 设 Q 是一个箭图, $A = kQ/I$ 是一个 Koszul 代数, 则

$$\cdots \longrightarrow P_{n+1} \xrightarrow{d_{n+1}} P_n \xrightarrow{d_n} \cdots \xrightarrow{d_2} P_1 \xrightarrow{d_1} P_0 \xrightarrow{d_0} \Lambda \to 0$$

是 A 在 A^e 上的一个极小投射分解, 这里

$$P_n = \coprod_{i=0}^{t_n} Ao(f_i^n) \otimes_k t(f_i^n) A,$$

f_i^n 和微分映射 d_* 详见文献 [75].

Koszul 极小双模投射分解在第 5 章将用到. 徐运阁和章超在文献 [149] 中进一步给出了 d-Koszul 代数的一种极小双模投射分解.

1.3 Koszul 代数

一般情况下计算代数的 Hochschild 同调与上同调群是比较困难的. 但一些特殊的代数类, 如外代数、截面代数、单项式代数等的同调与上同调群已被计算 (见 [43, 44, 80, 101, 127, 147, 153, 154]); 某些特殊代数的上同调群也已被计算, 如有限维遗传代数[82]、关联 (incidence) 代数[42]、具有狭窄箭图的代数[41, 82]、根方零代数[40]、截面代数[43, 98, 153]、零关系代数[44], 以及具有正规 (normed) 基的特殊双列代数[145] 等. 注意到这些代数都具有乘法基. Zacharia 也证明了拟遗传代数的非零阶同调群均为零[152].

本书第一部分主要介绍几类特殊 Koszul 代数的同调性质. Koszul 代数在交换代数和代数拓扑中起着相当重要的作用[84, 107, 115]. 目前, 它在非交换 Koszul 代数的代数拓扑以及李代数理论和量子群中也都有着重要的应用[18, 112].

首先回忆一下 Koszul 代数的定义[76]. 设 k 是一个域, $\Lambda = \Lambda_0 + \Lambda_1 + \cdots$ 是域 k 上的一个分次代数. 若对每个 $n \geqslant 1$, $\Lambda_n = \Lambda_1 \cdot \Lambda_{n-1}$, 则称 Λ 是由 0 次元和 1 次元生成的. 我们用 $E(\Lambda)$ 表示 Yoneda 代数

$$E(\Lambda) = \prod_{n \geqslant 0} \operatorname{Ext}_\Lambda^n(\Lambda_0, \Lambda_0),$$

这里乘法结构是通过 Yoneda 积给出的, 则 $E(\Lambda)$ 是域 k 上的一个分次代数, 其中 $E(\Lambda)_n = \operatorname{Ext}_\Lambda^n(\Lambda_0, \Lambda_0)$. 我们称一个分次代数 Λ 是 Koszul 代数, 如果它满足以下三个条件: ① Λ_0 是域 k 上的半单 Artin 代数, 即形为 $k \times k \times \cdots \times k$; ② Λ 是由 0 次元和 1 次元生成的; ③ $E(\Lambda)$ 也是由 0 次元和 1 次元生成的.

Koszul 代数是一类相当好的代数类. 一方面, 它不仅在代数上存在 Koszul 对偶, 在模范畴和导出范畴上也存在 Koszul 对偶[18, 77]; 另一方面, 对任意一个 Koszul 代数, 它的极大半单子代数 Λ_0 的极小投射 Λ-分解以及它的极小投射 Λ-Λ-双模分解我们都已相当清楚[33, 75].

目前, 我们已经知道很多代数都是 Koszul 代数, 如路代数[77]、根方零代数[110]、整体维数为 2 的二次代数[76]、有限表示型的有限维不可分解三次根方零自入射代

数[110], 以及许多预投射代数[73] 等. 而且, 从一个 Koszul 代数出发, 我们可以构造新的 Koszul 代数, 如 Koszul 代数的反代数是 Koszul 代数[18, 77], Koszul 代数的二次对偶等价的 Yoneda 代数是 Koszul 代数[18, 76, 77], 两个 Koszul 代数的张量代数是 Koszul 代数[77]; 也可以通过 Galois 覆盖来构造 Koszul 代数[81], 等等.

接下来的三章主要研究三类特殊的 Koszul 代数的同调性质, 即二元广义外代数、一类自入射 Koszul 特殊双列代数以及对应于根双模的拟遗传代数.

1.3.1 二元广义外代数

设 $A = A_q = k\langle x, y\rangle/(x^2, xy + qyx, y^2)$ 是两个变量的广义外代数, 其中 $q \in k\backslash\{0\}$. 令 $1 < x < y$, 则长度-左字典序给出了 A_q 的一个良序. 易见 $R = \{x^2, xy + qyx, y^2\}$ 是理想 $(x^2, xy + qyx, y^2)$ 的非交换 Gröbner 基, 而且 A 中基元素的正规形为 $\{1, x, y, yx\}$. 由于 A 有一个二次 Gröbner 基, 所以 A 是一个 Koszul 代数.

记
$$\text{hh.dim}A = \inf\{n \in \mathbb{N} \mid \text{dimHH}_i(A) = 0 \text{对所有的 } i > n\}$$
与
$$\text{hch.dim}A = \inf\{n \in \mathbb{N} \mid \text{dimHH}^i(A) = 0 \text{对所有的 } i > n\}$$

分别为 A 的 Hochschild 同调与上同调维数[80]. Happle 在 1989 年猜想: 如果 A 是代数闭域 k 上的有限维代数, 则整体维数 gl.dim $< \infty$ 当且仅当 hch.dim $< \infty$[82]. Buchweitz 等给出了一个反例, 从而否定了这一猜想[29]. 他们发现了一大类"病态"代数 $A_q = k\langle x, y\rangle/(x^2, xy + qyx, y^2)$, 讨论了它们的上同调群, 并证明了如果 $q \neq 0$ 不是单位根, 那么 gl.dim$A_q = \infty$, 但 hch.dim$A_q = 2$. 当 $q = 1$ 时, A_1 是含有两个变量的外代数 (因此我们不妨称 A_q 为广义外代数); 当 $q = -1$ 时, A_{-1} 是可换完全交. 事实上, 这些代数在很多方面都呈现出"病态"行为: 对某些特殊的 q 值, Liu-Schulz 通过构造一个没有自扩张的非投射 A_q-模, 否定了 Tachikawa 猜想[123](拟 Frobenius 代数上的没有自扩张的有限生成模是投射模); 当 q 不是单位根时, Liu-Schulz 证明 A_q 的平凡扩张是局部对称代数, 而且它的 AR-箭图包含一个有界无限 DTr-轨道, 从而对 Ringel 的一个问题 (在 AR-箭图的连通分支中, 具有相同长度的模的数目是有限的吗?) 给出了否定的回答[100]; 当 $q' \neq q$ 或 q^{-1} 时, Skowroński-Yamagata 证明 A_q 和 $A_{q'}$ 是底座 (socle) 等价的自入射代数, 但它们不是稳定等价的[129], 等等. 然而韩阳注意到这类代数在 Hochschild 同调方面却并不呈现病态行为, 他证明了 hh.dim$A_q = $ gl.dim$A_q = \infty$[80]. 第 2 章就是计算这类代数的各阶 Hochschild 同调群的维数, 从而使读者对广义外代数的同调行为有更清晰的了解.

1.3.2 自入射 Koszul 特殊双列代数

设 k 是一个域, Q 是如下由 m 个顶点、$2m$ 个箭向构成的有限箭图:

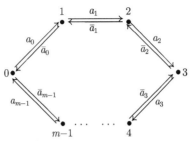

设 N 是正整数, 记 I_N 是由
$$R = \{a_i a_{i+1}, \bar{a}_{i+1}\bar{a}_i, (a_{i+1}\bar{a}_{i+1})^N - (\bar{a}_i a_i)^N \mid 0 \leqslant i \leqslant m-1, \ a_m = a_0\}$$
生成的路代数 kQ 的理想. 令 $\Lambda_N = kQ/I_N$, 则 Λ_N 是自入射 Koszul 特殊双列代数[130].

这类代数在代数的表示理论中有着重要的应用, 如它们被运用于正特征代数闭域上主块是驯顺型的无穷小群所对应的 Hopf 代数的分类中[64, 65]; 当 $N=1$ 且 m 为偶数时, 这类代数出现在广义 Taft 代数及 $U_q(sl_2)$ 的表示理论的研究中[58, 113, 135, 141]. 特别地, 当 $N = m = 1$ 时, Λ_1 及其量子化 (即底座 (socle) 形变) $(\Lambda_1)_q$ 的 Hochschild (上) 同调已被深入地研究[29, 146].

Snashall 和 Taillefer 清晰地描绘了代数 Λ_N 的 Hochschild 上同调环的结构[130], 研究了这类代数 $\Lambda = \Lambda_N$ 的底座形变 Λ_q (即 Λ_q 是自入射的且 $\Lambda_q/\mathrm{soc}(\Lambda_q) \cong \Lambda/\mathrm{soc}(\Lambda)$) 的 Hochschild 上同调性质[131], 并证明了 Snashall-Solberg 猜想对 Λ 与 Λ_q 都成立, 即 $\mathrm{HH}^*(\Lambda_N)/\mathcal{N}$ 是一个有限生成 k-代数, 其中 $\mathcal{N}$ 是由 $\mathrm{HH}^*(\Lambda_N)$ 中的齐次幂零元素生成的理想. 注意到 Xu 提供了该猜想的一个反例[142].

很清楚, 如果代数 A 的整体维数 $\mathrm{gl.dim}A < \infty$, 则代数 A 的 Hochschild(上) 同调维数都有限, 即 $\mathrm{hch.dim}A < \infty$, $\mathrm{hh.dim}A < \infty$. Happel 曾猜想如果代数 A 的 Hochschild 上同调维数 $\mathrm{hch.dim}A < \infty$, 则代数 A 的整体维数 $\mathrm{gl.dim}A < \infty$[82]. 然而, Buchweitz 等通过计算二元量子外代数 (即 Λ_1 的底座形变 $(\Lambda_1)_q$) 得到了 Happel 猜想的一个反例[29]. 由此, 韩阳提出了一个对应的猜想, 即代数 A 的整体维数 $\mathrm{gl.dim}A < \infty$ 当且仅当代数 A 的 Hochschild 同调维数 $\mathrm{hh.dim}A < \infty$[80]. 该猜想已被证明对交换代数[14]、零关系代数[80]、余维数为 2 的量子完全交[19]、分次局部代数、特征零域上的胞腔代数[21] 以及由 Solotar 和 Vigué-Poirrier 研究的两类代数[132] 等重要代数都成立. 韩阳等也给出了该猜想成立的一个充分条件[20].

第 3 章将利用组合的方法, 清晰地计算出代数 Λ_N 的各阶 Hochschild 同调群的维数, 从而以计算的方式直观地表明韩阳的猜想对这类自入射 Koszul 特殊双列代数 Λ_N 成立. 综合第 3 章的结果与 Snashall-Taillefer 的工作, 我们能更进一步地了解这类代数的 Hochschild (上) 同调性质.

注意到特殊双列代数是一类重要的代数类型, 它们广泛地出现在数学的很多分支中. 例如, 所有有限表示型的有限群代数以及很多驯顺表示型群代数都是特殊双列代数[57, 118, 122]. Gelfand 和 Ponomarev 利用特殊双列代数构造 Lorentz 群的表示[68]. Baues 和 Hennes 将 $(n-1)$-连通的 $(n+3)$-维多面体 $(n \geqslant 4)$ 的同伦分类问题归结为特殊双列代数的不可分解模的分类问题而加以解决[17]. Drozd 和 Greuel 也观察到射影线的某些构形上的层的分类问题与其对应的特殊双列代数的不可分解模的分类问题密切相关等[54]. 特殊双列代数也常常用来作为重要的测试类, 以便对有限维 k-代数的一般问题有一个好的直觉. 由于 Hochschild (上) 同调是 Morita 等价与导出等价不变量, 所以很多群代数的 Hochschild (上) 同调的研究都被转化为特殊双列代数的 Hochschild (上) 同调进行研究. 例如 A 型的驯顺表示型 Hecke 代数 Morita 等价或导出等价于特殊双列代数, Erdmann 和 Schroll 通过计算一个特殊双列代数的 Hochschild 上同调, 研究了 A 型的驯顺表示型 Hecke 代数的 Hochschild 上同调性质[60]. 然而, 由于至今仍无法给出一般特殊双列代数的极小投射分解的构造, 所以人们对特殊双列代数的 Hochschild (上) 同调群以及上同调环仍知之甚少[144, 145].

1.3.3 对应于根双模的拟遗传代数

拟遗传代数是 Cline, Parshall 和 Scott 为了研究复李代数与代数群的表示理论所引起的最高权范畴而引入的一种重要代数类型[47]. 随后有许多作者对这一领域有较深入的研究. 2000 年, 某些拟遗传代数也出现在一般线性群 GL_n 的抛物子群在幂么正规子群上的作用的研究中[25, 27]. 这类代数是与所谓的上三角双模相联系的拟遗传代数[26]. 设 M 是 Krull-Schmidt 范畴 K 上的一个上三角双模, Brüstle 和 Hille[26] 证明了 M 的矩阵范畴 mat$M$ 等价于某个拟遗传代数的 Δ-好模范畴, 这个拟遗传代数是 mat$M$ 的投射生成子 P 的自同态代数的反代数. 在此基础上, 文献 [148] 着重讨论了遗传代数 Λ 的投射模范畴 proj.Λ 上的双模 rad$(-,-)$, 并得到了它所对应的拟遗传代数的一个实现, 即 Gabriel 箭图与关系. 进一步地, 文献 [85] 也证明该拟遗传代数是一个 Koszul 代数.

Zacharia 证明了拟遗传代数的非零阶的同调群均为零[152], 但它们的上同调群却大多不为人们所知. 尽管 Hochschild 上同调和同调群之间有一公式: $HH^i(A, X) \simeq HH_i(A, DX)$, 其中 X 是任意一个 A-A-双模, $D = \mathrm{Hom}_k(-, k)$ 是平凡对偶. 但这对于计算 Hochschild 上同调没有多大帮助. 一般情况下, Hochschild 同调与上同调既不是向量空间的对偶也不是范畴意义下的对偶, 它们反映了代数不同方面的性质. 目前, 对拟遗传代数的 Hochschild 上同调群的研究和了解还是比较少的. 不过, De la Peña 和 Xi 得到了拟遗传代数与其商代数的 Hochschild 上同调群的长正合序列, 并由此得到了非半单 Temperley-Lieb 代数与表示有限 Schur 代数的 Hochschild 上同调群[50]. 文献 [151] 也得到了对偶扩张代数的 Hochschild 上同调群.

设 A 是有限表示型遗传代数 Λ 的投射模范畴 proj.Λ 上的根双模 rad$(-,-)$ 所对应的拟遗传代数. 第 4 章将通过对 Bardzell 上链复形的细致分析, 用组合的方法得到该拟遗传代数 A 的 Hochschild 各阶上同调群的维数.

1.4 Hochschild 上同调的乘法结构

设 A 是域 k 上的有限维结合代数 (含单位元 1). Gerstenhaber 在文献 [69] 中, 利用 A 的标准 bar 分解给出了 Cup 积:

$$\smile : \mathrm{HH}^n(A) \times \mathrm{HH}^m(A) \longrightarrow \mathrm{HH}^{n+m}(A)$$

和 Gerstenhaber 括号积:

$$[-,-] : \mathrm{HH}^n(A) \times \mathrm{HH}^m(A) \longrightarrow \mathrm{HH}^{n+m-1}(A).$$

并且证明了 A 的 Hochschild 上同调

$$\mathrm{HH}^*(A) = \bigoplus_{i=0}^{\infty} \mathrm{HH}^i(A)$$

在 Cup 积下作成分次交换代数; 在 Gerstenhaber 括号积下,

$$\mathrm{HH}^{*+1}(A) = \bigoplus_{i=1}^{\infty} \mathrm{HH}^i(A)$$

作成分次李代数.

一般来说, 准确地给出一个代数的 Hochschild 上同调的分次交换代数结构和分次李代数结构都是比较困难的. 随着人们的不断研究, 一些特殊代数类的 Hochschild 上同调的 Cup 积得到了描述. Cup 积最初是由标准 bar 分解来定义的, 但它还可以用 Yoneda 积来描述, 这对任意的投射双模分解都可以, 尤其是可以利用极小双模投射分解[137]. 人们利用这种方法, 刻画了一些代数的 Cup 积 (或等价地, Yoneda 积). 如根方零代数[45]、外代数[147]、截面箭图代数[1]、Fibonacci 代数[62]、Koszul 代数[30] 等. 然而, Hochschild 上同调的 Gerstenhaber 括号积却少有这样的组合刻画.

近些年来, 对于几类零关系代数的 Hochschild 上同调的 Gerstenhaber 括号积的研究取得了一些进展. Strametz 在文献 [133] 中研究了零关系代数的一阶 Hochschild 上同调群. Sánchez-Floress 在文献 [120] 中通过 Gerstenbhaber 括号积刻画了根方零代数的 Hochschild 上同调的李模结构, 而 Cibils 在文献 [45] 中刻画了其 Cup 积. Bustamante 在文献 [32] 中证明了二次三角串 (string) 代数的 Hochschild 上同调环的乘法结构是平凡的. 进一步地, 对三角 gentle 代数, 其李代数结构也是平凡

1.4 Hochschild 上同调的乘法结构

的. Shepler 和 Witherspoon 从形变的角度发展了扭群代数的 Hochschild 上同调的 Gerstenhaber 括号积公式[124]. 对截面箭图代数, 文献 [1, 149] 和 [150] 用平行路的语言分别刻画了其 Cup 积和 Gerstenhaber 括号积. 然而, 对于大多数有限维代数, 我们对其 Hochschild 上同调的两种乘法结构都知之甚少.

第 5 章和第 6 章将分别研究两类重要代数 (Temperley-Lieb 代数和二次三角零关系代数) 的 Hochschild 上同调的乘法结构.

Temperley-Lieb 代数是文献 [136] 在 1971 年研究冰模型以及 Potts 模型中的单边界传递矩阵时引入的. 随后 Jones 在研究次因子 (subfactors) 时又独立地引进了这类有限维结合代数[91]. 这类代数在 Jones 的纽结和连接的新的多项式不变量发现中[92], 以及随后四十年纽结理论、拓扑量子场论、统计物理学[93] 的发展中起到了核心作用. 它们同纽结理论之间的关系在 Jones 多项式的定义中扮演着重要角色. 连接的量子不变量理论如今已涉及许多研究领域. 所以许多与辫不变量或者连接不变量相关的重要代数类, 如 Birman Wenzl 代数[22]、Hecke 代数以及 Brauer 代数等, 都引起了数学和物理界的极大兴趣. 它们都是某些群代数或者其他著名代数的形变.

第 5 章将利用平行路的语言, 刻画 Temperley-Lieb 代数的 Hochschild 上同调 $HH^*(A)$ 的 Cup 积, 并用生成元和关系, 给出 Hochschild 上同调 $HH^*(A)$ 的一个实现.

第 6 章将通过对 Hochschild 上同调的不同李括号积之间的转化, 利用平行路的语言给出二次三角零关系代数 Gerstenhaber 括号积的显式表达. 进一步地, 应用所得结果, 给出 Fibonacci 代数的 Hochschild 上同调李代数结构的更为精细的刻画.

第 2 章　二元广义外代数的 Hochschild 同调群

设 $A = A_q = k\langle x,y\rangle/(x^2, xy+qyx, y^2)$ 是两个变量的广义外代数, 其中 $q \in k\backslash\{0\}$. A 是一个 Koszul 代数. 本章计算这类代数的各阶 Hochschild 同调群的维数, 从而使读者对广义外代数的同调行为有更清晰的了解.

2.1　极小投射分解

本章总假定 $A = A_q = k\langle x,y\rangle/(x^2, xy+qyx, y^2)$ 是两个变量的广义外代数, 其中 $q \in k\backslash\{0\}$. 设 $A^e = A\otimes_k A^{op}$ 是 A 的包络代数, 文献 [29] 中构造了 A 的一个极小投射 A^e-分解. 令 $f_0^0 = 1, f_0^1 = x, f_1^1 = y$, 则对 $n \geqslant 0$, 我们可由

$$f_i^n = f_{i-1}^{n-1} \otimes y + q^i f_i^{n-1} \otimes x$$

归纳地定义 $\{f_i^n \mid n \geqslant 0, 0 \leqslant i \leqslant n\}$, 其中 $f_{-1}^{n-1} = 0 = f_n^{n-1}$. 易见, f_i^n 是 $n-i$ 个 x 与 i 个 y 的所有可能的张量积的线性组合. 而且

$$f_i^n = x \otimes f_i^{n-1} + q^{n-i} y \otimes f_{i-1}^{n-1}.$$

令 $P_n = \coprod_{i=0}^n A \otimes_k f_i^n \otimes_k A \subseteq A^{\otimes_k(n+2)}$, $n \geqslant 0$. 设 $\widetilde{f}_0^n = 1 \otimes f_i^n \otimes 1$, $n \geqslant 1$, 且 $\widetilde{f}_0^0 = 1 \otimes 1$, 定义 $\delta_n : P_n \longrightarrow P_{n-1}$,

$$\delta_n(\widetilde{f}_i^n) = x\widetilde{f}_i^{n-1} + q^{n-i} y \widetilde{f}_{i-1}^{n-1} + (-1)^n \widetilde{f}_{i-1}^{n-1} y + (-1)^n q^i \widetilde{f}_i^{n-1} x.$$

命题 2.1[29]　设 $A = A_q$ 是一个二元广义外代数, 则复形 $(\mathbb{P}_\bullet, \delta_\bullet)$

$$\cdots \longrightarrow P_{n+1} \xrightarrow{\delta_{n+1}} P_n \xrightarrow{\delta_n} \cdots \xrightarrow{\delta_3} P_2 \xrightarrow{\delta_2} P_1 \xrightarrow{\delta_1} P_0 \longrightarrow 0$$

是 A^e-模 A 的极小投射分解.

证　设 $X = \{x,y\}$, 由于 A 是一个 Koszul 代数, 故由文献 [33] 知, 只需证明 $\{f_i^n | 0 \leqslant i \leqslant n\}$ 是向量空间 $K_n = \bigcap_{p+q=n-2} X^p R X^q$ 的一组 k-基.

显然, $XK_{n-1} \cap K_{n-1}X \subset K_n$. 另一方面, 由于

$$f_i^n = f_{i-1}^{n-1} \otimes y + q^i f_i^{n-1} \otimes x = x \otimes f_i^{n-1} + q^{n-i} y \otimes f_{i-1}^{n-1},$$

故由归纳可知 $f_i^n \in K_n$. 而且 $\{f_i^n \mid 0 \leqslant i \leqslant n\}$ 显然是线性无关的, 因为 f_i^n 中的每个单项式 y 恰出现 i 次.

由于 A 的 Yoneda 代数 $E(A) = \text{Ext}_A^*(k,k) \simeq k\langle x,y\rangle/(yx - qxy)$，所以 A^e-模 A 的极小投射分解的 Betti 数为 $\{b_n = n+1\}_{n\geqslant 0}$. 故 $\dim K_n = n+1$，即 $\{f_i^n \mid 0 \leqslant i \leqslant n\}$ 是 K_n 的一组 k-基.

映射 $\delta_\bullet$ 由文献 [33, 354 页] 决定. □

2.2 Hochschild 同调群

将函子 $A \otimes_{A^e}$-作用于极小投射分解 $(\mathbb{P}_\bullet, \delta_\bullet)$，可得同调复形 $A \otimes_{A^e} (\mathbb{P}_\bullet, \delta_\bullet) = (\mathbb{M}_\bullet, \tau_\bullet)$，其中 $M_n = \coprod_{i=0}^n A \otimes f_i^n$，且对任意的 $\lambda \in A$，

$$\tau_n(\lambda \otimes f_i^n) = \lambda x \otimes f_i^{n-1} + (-1)^n q^i x \lambda \otimes f_i^{n-1} + q^{n-i}\lambda y \otimes f_{i-1}^{n-1} + (-1)^n y\lambda \otimes f_{i-1}^{n-1}.$$

因为 A 有一组基 $\{1, y, x, yx\}$，故作为向量空间，M_n 有基 $\{1 \otimes f_i^n, y \otimes f_i^n, x \otimes f_i^n, yx \otimes f_i^n \mid 0 \leqslant i \leqslant n\}$. 定义一个序: $\lambda \otimes f_i^n \prec \lambda' \otimes f_j^n$，如果 $\lambda < \lambda'$，或 $\lambda = \lambda'$ 但 $i < j$，则上述基作成 M_n 的一组定序基. 从而

$$\tau_n(1 \otimes f_i^n) = (1 + (-1)^n q^i)x \otimes f_i^{n-1} + (q^{n-i} + (-1)^n)y \otimes f_{i-1}^{n-1};$$
$$\tau_n(x \otimes f_i^n) = (-q^{n-i+1} + (-1)^n)yx \otimes f_{i-1}^{n-1};$$
$$\tau_n(y \otimes f_i^n) = (1 + (-1)^{n+1}q^{i+1})yx \otimes f_i^{n-1};$$
$$\tau_n(yx \otimes f_i^n) = 0,$$

且 $f_{-1}^{n-1} = f_n^{n-1} = 0$. 则 τ_n 关于上述定序基的矩阵有如下形式:

$$\begin{pmatrix} 0 & C_1 & C_2 & 0 \\ 0 & 0 & 0 & D_1 \\ 0 & 0 & 0 & D_2 \\ 0 & 0 & 0 & 0 \end{pmatrix}_{4(n+1)\times 4n},$$

其中 C_i, D_i 都是 $(n+1) \times n$ 矩阵，$i = 1, 2$，且

$$C = (C_1 \quad C_2) = \begin{pmatrix} v^0 & & & & & 0 & & & & \\ & v^1 & & & & & w^1 & & & \\ & & \ddots & & & & & \ddots & & \\ & & & v^i & & & & & w^i & \\ & & & & \ddots & & & & & \ddots \\ & & & & & v^{n-1} & & & & & w^{n-1} \\ & & & & & 0 & & & & & w^n \end{pmatrix},$$

其中, $v^i = 1 + (-1)^n q^i$, $i = 0, 1, \cdots, n-1$; $w^i = q^{n-i} + (-1)^n$, $i = 1, \cdots, n$;

$$D = \begin{pmatrix} D_1 \\ D_2 \end{pmatrix} = \left(\begin{array}{ccccccc} 0 & & & & & & \\ & u^1 & & & & & \\ & & \ddots & & & & \\ & & & u^i & & & \\ & & & & \ddots & & \\ & & & & & u^n & \\ \hline z^1 & & & & & & \\ & \ddots & & & & & \\ & & z^i & & & & \\ & & & \ddots & & & \\ & & & & z^n & & \\ & & & & & 0 & \end{array} \right),$$

这里,
$$u^i = -q^{n-i+1} + (-1)^n, \quad z^i = 1 + (-1)^{n+1} q^i, \quad i = 1, 2, \cdots, n.$$

显然, $\mathrm{rank}\tau_n = \mathrm{rank}C + \mathrm{rank}D$.

引理 2.1 设 A_q 是二元广义外代数, 如果 q 是 $r\ (r > 2)$ 次本原单位根且域 k 的特征 $\mathrm{char} k \neq 2$, 则对 $n > 2$,

$$\mathrm{rank}\tau_n = \begin{cases} 2n - l, & n = lr, l > 2 \text{ 且 } n, r \text{ 皆为奇数}, \\ 2n - l + 2, & n = lr - 1, l > 2 \text{ 且 } n \text{ 为偶数}, r \text{ 为奇数}, \\ 2n - l + 1, & n = lr, l \geqslant 1 \text{ 且 } n, r \text{ 皆为偶数}, \\ 2n - l - 1, & n = lr - 1, l \geqslant 1 \text{ 且 } n \text{ 为奇数}, r \text{ 为偶数}, \\ 2n - 1, & \text{其他, 但 } n \text{ 为奇数}, \\ 2n + 1, & \text{其他, 但 } n \text{ 为偶数}. \end{cases}$$

证 对于矩阵 C, 考虑中间的 $n - 1$ 行, 第 $i + 1$ 行是零行当且仅当

$$\begin{cases} 1 + (-1)^n q^i = 0, \\ q^{n-i} + (-1)^n = 0, \end{cases}$$

其中 $i = 1, 2, \cdots, n - 1$.

$1 + (-1)^n q^i = 0$ 当且仅当下面条件中的 (1) 或 (2) 之一成立, 其中

(1) $q^i = 1$ 且 n 为奇数 $\Leftrightarrow i = l_1 r$ 且 $l_1 \geqslant 1, n$ 为奇数;

2.2 Hochschild 同调群

(2) $q^i = -1$ 且 n 为偶数 $\Leftrightarrow i = (2s_1+1)r/2, s_1 \in \mathbb{N}$ 且 n, r 为偶数.

$q^{n-i} + (-1)^n = 0$ 当且仅当下面条件中的 (3) 或 (4) 之一成立, 其中

(3) $q^{n-i} = 1$ 且 n 为奇数 $\Leftrightarrow n - i = l_2 r$ 且 $l_2 \geqslant 1, n$ 为奇数;

(4) $q^{n-i} = -1$ 且 n 为偶数 $\Leftrightarrow n - i = (2s_2+1)r/2, s_2 \in \mathbb{N}$ 且 n, r 为偶数.

如果 (1) 与 (3) 同时满足, 则 $n = (l_1 + l_2)r = lr$, l_1 可取 $1, 2, \cdots, l-1$ 即 $l-1$ 种取法. l_1 一旦取定, l_2 即定, C 中间的 $n-1$ 行中有 $l-1$ 行为零行, 从而 n, r 为奇数且 $n = lr, l > 2$ 时, $\operatorname{rank} C = (n-1) - (l-1) = n - l$.

如果 (2) 与 (4) 同时满足, 则 $n = (s_1 + s_2 + 1)r = lr$, s_1 可取 $0, 1, \cdots, l-1$ 即 l 种取法. s_1 一旦取定, s_2 即定, C 中间的 $n-1$ 行中有 l 行为零行, 从而 n, r 皆为偶数且 $n = lr, l \geqslant 1$ 时, $\operatorname{rank} C = (n-1) - l + 2 = n - l + 1$.

对于其他情况, 当 n 为偶数时, $\operatorname{rank} C = n + 1$; 当 n 为奇数时, $\operatorname{rank} C = n - 1$.

对于矩阵 D, 第 $i+1$ 列是零列当且仅当

$$\begin{cases} -q^{n-i} + (-1)^n = 0, \\ 1 + (-1)^{n+1} q^{i+1} = 0, \end{cases}$$

其中 $i = 0, 1, \cdots, n-1$.

$-q^{n-i} + (-1)^n = 0$ 当且仅当下面条件中的 (1$'$) 或 (2$'$) 之一成立, 其中

(1$'$) $-q^{n-i} = 1$ 且 n 为奇数 $\Leftrightarrow n - i = (2s_1+1)r/2, s_1 \in \mathbb{N}$ 且 n 为奇数, r 为偶数;

(2$'$) $-q^{n-i} = -1$ 且 n 为偶数 $\Leftrightarrow n - i = l_1 r$ 且 $l_1 \geqslant 1, n$ 为偶数.

$1 + (-1)^{n+1} q^{i+1} = 0$ 当且仅当下面条件中的 (3$'$) 或 (4$'$) 之一成立, 其中

(3$'$) $q^{i+1} = -1$ 且 n 为奇数 $\Leftrightarrow i + 1 = (2s_2+1)r/2, s_2 \in \mathbb{N}$ 且 n 为奇数, r 为偶数;

(4$'$) $q^{i+1} = 1$ 且 n 为偶数 $\Leftrightarrow i + 1 = l_2 r$ 且 $l_2 \geqslant 1, n$ 为偶数.

如果 (1$'$) 与 (3$'$) 同时满足, 则 $n = (s_1 + s_2 + 1)r - 1 = lr - 1$, s_1 可取 $0, 1, \cdots, l-1$ 即 l 种取法. s_1 一旦取定, s_2 即定, D 的 n 列中有 l 列为零列, 从而 n 为奇数, r 为偶数且 $n = lr - 1, l \geqslant 1$ 时, $\operatorname{rank} D = n - l$.

如果 (2$'$) 与 (4$'$) 同时满足, 则 $n = (l_1 + l_2)r - 1 = lr - 1$, l_1 可取 $1, 2, \cdots, l-1$ 即 $l-1$ 种取法. l_1 一旦取定, l_2 即定, D 的 n 列中有 $l-1$ 列为零列, 从而 n 为偶数, r 为奇数且 $n = lr - 1, l > 2$ 时, $\operatorname{rank} D = n - (l-1) = n - l + 1$.

对于其他情况, $\operatorname{rank} D = n$. 因此, 由 $\operatorname{rank} \tau_n = \operatorname{rank} C + \operatorname{rank} D$ 即得结论. □

引理 2.2 设 A_q 是二元广义外代数, 如果 q 不是 r $(r > 2)$ 次本原单位根且

char$k \neq 2$, 则对 $n > 2$

$$\mathrm{rank}\tau_n = \begin{cases} 2n+1, & n\text{为偶数}, q\text{不是单位根}, \\ 2n-1, & n\text{为奇数}, q\text{不是单位根}, \\ n+1, & n\text{为偶数}, q=1, \\ n, & n\text{为奇数}, q=1, \\ 3n/2+1, & n\text{为偶数}, q=-1, \\ 3(n-1)/2, & n\text{为奇数}, q=-1. \end{cases}$$

证 同引理 2.1 证明的末尾, 有了 rank$C$ 和 rank$D$, 立即可得 rankτ_n. 因此省略未证. 下面来看 $q = -1$ 的情况.

对于矩阵 C, 考虑中间的 $n-1$ 行, 第 $i+1$ 行是零行当且仅当

$$\begin{cases} 1+(-1)^{n+i} = 0, \\ (-1)^{n-i} + (-1)^n = 0, \end{cases}$$

其中 $i = 1, 2, \cdots, n-1$.

$1 + (-1)^{n+i} = 0 \Leftrightarrow n+i$ 为奇数;

$(-1)^{n-i} + (-1)^n = 0 \Leftrightarrow n-i$ 与 n 奇偶性不同.

如果两者同时满足, 则 $n+i$ 为奇数且 n 为偶数, 即 i 为奇数且 n 为偶数. 所以 C 中间的 $n-1$ 行中有 $n/2$ 行为零行, 从而当 n 为偶数时, rank$C = ((n-1)-n/2)+2 = n/2+1$; 当 n 为奇数时, rank$C = n-1$.

对于矩阵 D, n 列中第 $i+1$ 列为零列当且仅当

$$\begin{cases} -(-1)^{n-i} + (-1)^n = 0, \\ 1 + (-1)^{n+i+2} = 0, \end{cases}$$

其中 $i = 0, 1, \cdots, n-1$.

$-(-1)^{n-i} + (-1)^n = 0 \Leftrightarrow n-i$ 与 n 奇偶性相同;

$1 + (-1)^{n+i+2} = 0 \Leftrightarrow n+i$ 为奇数.

如果两者同时满足, 则 $n+i$ 与 n 同为奇数, 即 i 为偶数且 n 为奇数. 所以 D 的 n 列中有 $(n-1)/2+1$ 列为零列, 从而当 n 为奇数时, rank$D = n - ((n-1)/2+1) = (n-1)/2$; 当 n 为偶数时, rank$D = n$.

综上, 当 $q = -1$ 时,

$$\mathrm{rank}\tau_n = \begin{cases} 3n/2+1, & n\text{为偶数}, \\ (n-1)+(n-1)/2 = 3(n-1)/2, & n\text{为奇数}. \end{cases} \qquad \square$$

对 $n = 0, 1, 2$, 直接计算可得

$$\dim \mathrm{HH}_0(A_q) = \begin{cases} 4, & q = -1, \\ 3, & q \neq -1. \end{cases}$$

2.2 Hochschild 同调群

$$\dim\mathrm{HH}_1(A_q) = \begin{cases} 4, & q=1 \text{ 且 char}k \neq 2, \\ 3, & q=-1 \text{ 且 char}k \neq 2, \\ 2, & q \neq \pm 1, \\ 8, & q=\pm 1 \text{ 且 char}k = 2. \end{cases}$$

$$\dim\mathrm{HH}_2(A_q) = \begin{cases} 6, & q=1 \text{ 且 char}k \neq 2, \\ 4, & q=-1 \text{ 且 char}k \neq 2, \\ 2, & q \neq \pm 1, \\ 12, & q=\pm 1 \text{ 且 char}k = 2. \end{cases}$$

对 $n > 2$, 我们必须考虑如下情形:

(a) q 是 r ($r > 2$) 次本原单位根且 char$k \neq 2$;
(b) q 是 r ($r > 2$) 次本原单位根且 char$k = 2$;
(c) q 不是单位根且 char$k \neq 2$;
(d) q 不是单位根且 char$k = 2$;
(e) $q = 1$ 且 char$k \neq 2$;
(f) $q = -1$ 且 char$k \neq 2$;
(g) $q = \pm 1$ 且 char$k = 2$.

定理 2.1 设 $A = A_q$ 是二元广义外代数, 如果 q 是 r ($r > 2$) 次本原单位根且 char$k \neq 2$, 则对 $n > 2$,

$$\dim\mathrm{HH}_n(A) = \begin{cases} l+2, & n = lr \text{ 或 } lr-2, l \geqslant 1 \text{ 且 } n,r \text{ 皆为偶数}, \\ l+1, & n = lr \text{ 或 } lr-2, l > 2 \text{ 且 } n,r \text{ 皆为奇数}, \\ 2l, & n = lr-1, l > 2 \text{ 且 } n \text{ 为偶数}, r \text{ 为奇数}, \\ 2l+2, & n = lr-1, l \geqslant 1 \text{ 且 } n \text{ 为奇数}, r \text{ 为偶数}, \\ 2, & \text{其他}. \end{cases}$$

证 如果 char$k \neq 2$, 那么由

$$\dim\mathrm{HH}_n(A) = \mathrm{Ker}\tau_n/\mathrm{Im}\tau_{n+1} \quad \text{及} \quad \mathrm{Im}\tau_n + \dim\mathrm{Ker}\tau_n = \dim M_n = 4(n+1)$$

知

$$\begin{aligned}\dim\mathrm{HH}_n(A) &= \dim\mathrm{Ker}\tau_n - \dim\mathrm{Im}\tau_{n+1} \\ &= \dim M_n - \dim\mathrm{Im}\tau_n - \dim\mathrm{Im}\tau_{n+1} \\ &= 4(n+1) - (\mathrm{rank}\tau_n + \mathrm{rank}\tau_{n+1}).\end{aligned}$$

由引理 2.1 直接计算得到, 当 $n = lr$ 或 $lr-2$ 时, 若 $l \geqslant 1$ 且 n,r 皆为偶数, $\mathrm{rank}\tau_n + \mathrm{rank}\tau_{n+1} = 4n+2-l$; 若 $l > 2$ 且 n,r 皆为奇数, $\mathrm{rank}\tau_n + \mathrm{rank}\tau_{n+1} =$

$4n+3-l$; 当 $n=lr-1$ 时, 若 $l>2$ 且 n 为偶数, r 为奇数, $\mathrm{rank}\tau_n + \mathrm{rank}\tau_{n+1} = 4n+4-2l$; 若 $l \geqslant 1$ 且 n 为奇数, r 为偶数, $\mathrm{rank}\tau_n + \mathrm{rank}\tau_{n+1} = 4n+2-2l$; 其他, $\mathrm{rank}\tau_n + \mathrm{rank}\tau_{n+1} = 4n+2$. □

定理 2.2 设 $A = A_q$ 是二元广义外代数, 如果 q 不是 r $(r>2)$ 次本原单位根, 则对 $n>2$,

$$\dim \mathrm{HH}_n(A) = \begin{cases} 2(n+1), & q=1 \text{ 且 } \mathrm{char} k \neq 2, \\ n+3, & q=-1 \text{ 且 } \mathrm{char} k \neq 2, \\ 4(n+1), & q=\pm 1 \text{ 且 } \mathrm{char} k = 2, \\ 2, & q \text{ 不是单位根且 } \mathrm{char} k \neq 2, \\ 4, & q \text{ 不是单位根且 } \mathrm{char} k = 2. \end{cases}$$

证 $\mathrm{char} k \neq 2$: 由引理 2.2 知, 当 $q=1$ 时, $\mathrm{rank}\tau_n + \mathrm{rank}\tau_{n+1} = 2(n+1)$, 故由定理 2.1 的证明知 $\dim \mathrm{HH}_n(A) = 4(n+1) - (\mathrm{rank}\tau_n + \mathrm{rank}\tau_{n+1}) = 2(n+1)$; 当 $q=-1$ 时, $\mathrm{rank}\tau_n + \mathrm{rank}\tau_{n+1} = 3n+1$, 故 $\dim \mathrm{HH}_n(A) = n+3$; 当 q 不是单位根时, $\mathrm{rank}\tau_n + \mathrm{rank}\tau_{n+1} = 4n+2$, 故 $\dim \mathrm{HH}_n(A) = 2$.

$\mathrm{char} k = 2$: 当 $q = \pm 1$ 时, $\mathrm{rank}\tau_n = 0$, 则 $\mathrm{rank}\tau_n + \mathrm{rank}\tau_{n+1} = 0$, 从而有 $\dim \mathrm{HH}_n(A) = 4(n+1)$; 当 q 不是单位根时, $\mathrm{rank}\tau_n = (n-1)+n = 2n-1$, 则 $\mathrm{rank}\tau_n + \mathrm{rank}\tau_{n+1} = (2n-1)+(2(n+1)-1) = 4n$, 从而有 $\dim \mathrm{HH}_n(A) = 4$. □

定理 2.3 设 $A = A_q$ 是二元广义外代数, 如果 q 是 r 次本原单位根且 $\mathrm{char} k = 2$, 则对 $n>2$,

$$\dim \mathrm{HH}_n(A) = \begin{cases} 2l+2, & r \text{ 为奇数}, n=lr-1; \text{ 或 } r \text{ 为偶数}, n=l\cdot r/2, \\ l+3, & r \text{ 为奇数}, n=lr \text{ 或 } lr-2; \\ & \text{或 } r \text{ 为偶数}, n=l\cdot r/2 \text{ 或 } l\cdot r/2-2, \\ 4, & \text{其他}. \end{cases}$$

证 对于矩阵 C, 考虑中间的 $n-1$ 行, 第 $i+1$ 行是零行当且仅当

$$\begin{cases} 1+(-1)^n q^i = 0, \\ q^{n-i} + (-1)^n = 0, \end{cases}$$

其中 $i = 1, 2, \cdots, n-1$. 由于 $\mathrm{char} k = 2$, 则

$1 + (-1)^n q^i = 0 \Leftrightarrow q^i = \pm 1$ 当且仅当下面条件中 (1) 或 (2) 之一成立, 其中

(1) $i = l_1 \cdot r/2$ 且 $l_1 \geqslant 1, r$ 为偶数;

(2) $i = l_1 r$ 且 $l_1 \geqslant 1, r$ 为奇数.

$q^{n-i} + (-1)^n = 0 \Leftrightarrow q^{n-i} = \pm 1$ 当且仅当下面条件中 (3) 或 (4) 之一成立, 其中

(3) $n-i = l_2 \cdot r/2$ 且 $l_2 \geqslant 1, r$ 为偶数;

(4) $n-i = l_2 r$ 且 $l_2 \geqslant 1, r$ 为奇数.

对于矩阵 D, 第 $i+1$ 列是零列当且仅当

2.2 Hochschild 同调群

$$\begin{cases} -q^{n-i}+(-1)^n=0, \\ 1+(-1)^{n+1}q^{i+1}=0, \end{cases}$$

其中 $i=0,1,\cdots,n-1$.

$-q^{n-i}+(-1)^n=0 \Leftrightarrow q^{n-i}=\pm 1$ 当且仅当下面条件中的 $(1')$ 或 $(2')$ 之一成立, 其中

($1'$) $n-i=l_1\cdot r/2$ 且 $l_1 \geqslant 1, r$ 为偶数;

($2'$) $n-i=l_1 r$ 且 $l_1 \geqslant 1, r$ 为奇数.

$1+(-1)^{n+1}q^{i+1}=0 \Leftrightarrow q^{i+1}=\pm 1$ 当且仅当下面条件中 $(3')$ 或 $(4')$ 之一成立, 其中

($3'$) $i+1=l_2\cdot r/2$ 且 $l_2 \geqslant 1, r$ 为偶数;

($4'$) $i+1=l_2 r$ 且 $l_2 \geqslant 1, r$ 为奇数.

仿照引理 2.1 的方法, 即可得到: 对 $l\geqslant 2$, 当 $n=l\cdot r/2, r$ 为偶数或 $n=lr, r$ 为奇数时, $\mathrm{rank}C=(n-1)-(l-1)=n-l$; 对于其他情况, $\mathrm{rank}C=n-1$. 当 $n=l\cdot r/2-1, r$ 为偶数或 $n=lr-1, r$ 为奇数时, $\mathrm{rank}D=n-(l-1)=n-l+1$; 对于其他情况, $\mathrm{rank}D=n$. 综上即得, 当 $n=l\cdot r/2$ 或 $l\cdot r/2-1, r$ 为偶数, 或当 $n=lr$ 或 $lr-1, r$ 为奇数时, $\mathrm{rank}\tau_n=2n-l(l\geqslant 2)$; 其他, $\mathrm{rank}\tau_n=2n-1$. 从而, 当 q 是 r 次本原单位根时, 如果 r 为奇数, $n=lr-1$, 或 r 为偶数, $n=l\cdot r/2-1$, $\mathrm{rank}\tau_n+\mathrm{rank}\tau_{n+1}=4n-2l+2$; 如果 r 为偶数, $n=l\cdot r/2$ 或 $l\cdot r/2-2$, 或 r 为奇数, $n=lr$ 或 $lr-2$, $\mathrm{rank}\tau_n+\mathrm{rank}\tau_{n+1}=4n-l+1$; 其他, $\mathrm{rank}\tau_n+\mathrm{rank}\tau_{n+1}=4n$. 由定理 2.1 证明中最开始的公式, 立即可得 $\dim\mathrm{HH}_n(A)$, 因此省略计算 $\dim\mathrm{HH}_n(A)$. □

为了结论的完整性, 我们也考虑 q 退化到 0 的情形.

定理 2.4 设 $A=A_0=k\langle x,y\rangle/(x^2,xy,y^2)$, 则

$$\dim\mathrm{HH}_n(A)=\begin{cases} 3, & n=0, \\ 0, & n\geqslant 1. \end{cases}$$

证 当 $n=0$ 时, $\mathrm{HH}_0(A)=A/[A,A]$, 其中 $[A,A]=\{\lambda\mu-\mu\lambda|\lambda,\mu\in A\}$. 易见, 作为向量空间 $\{yx\}$ 是 $[A,A]$ 的一组基. 因此 $\dim\mathrm{HH}_0(A)=3$.

我们仍用 $(\mathbb{M}_\bullet,\tau_\bullet)$ 记对应于 A_0 的同调复形. 当 $n\geqslant 1$ 时, $\mathrm{rank}\tau_n=2n+1$, $\mathrm{rank}\tau_n+\mathrm{rank}\tau_{n+1}=4n+4$, 所以 $\mathrm{HH}_0(A)=0$. □

推论[80] 设 $A=A_q$ 是广义外代数, 则对任意的 $q\in k\setminus\{0\}$, $\mathrm{hh.dim}A_q=\infty=\mathrm{gl.dim}A_q$.

注[29] 若 $q\neq 0$ 不是单位根, 则 $\mathrm{gl.dim}A_q=\infty$, 但 $\mathrm{hch.dim}A_q=2$.

第3章 一类自入射 Koszul 特殊双列代数的 Hochschild 同调群

设 Λ_N 为 1.3.2 小节中定义的代数, 是自入射 Koszul 特殊双列代数[130].

特殊双列代数是一类重要的代数类型. 本章将用组合的方法, 清晰地计算出代数 Λ_N 这类特殊双列代数的各阶 Hochschild 同调群的维数.

3.1 极小投射分解

整章总假定 $\Lambda = \Lambda_N$ 是如上定义的有限维 k-代数, $\Lambda^e = \Lambda^{op} \otimes_k \Lambda$ 是 Λ 的包络代数. 计算代数 Λ 的 Hochschild 同调群, 第一步就是要构造 Λ 的极小投射双模分解. Snashall 和 Taillefer 在文献 [130] 中构造了代数 Λ 的极小投射双模分解.

在不引起混淆的情况下, 简记 Q 中的箭向为 a 和 $\bar{a}$. 对任意的路 $\rho \in kQ$, 记 $o(\rho)$ 为 ρ 的起点, $t(\rho)$ 为 ρ 的终点. 顶点 i 处的平凡路记为 e_i, $0 \leqslant i \leqslant m-1$. 对 $\rho \in kQ$, 若存在 Q 中的顶点 i, j, 使得 $\rho = e_i \rho e_j$, 则称 ρ 为一致元 (uniform). 记 $\otimes := \otimes_k$. 道路及映射的合成采用从左到右的顺序.

定义 3.1[130] 对于代数 Λ, $i = 0, \cdots, m-1$, $r = 0, \cdots, n$, 令 $g_{-1,i}^n = g_{n+1,i}^n = 0$. 定义 $g_{0,i}^0 = e_i$, 对 $n \geqslant 1$, 递归地定义

$$g_{r,i}^n = \begin{cases} g_{r,i}^{n-1} a + (-1)^n g_{r-1,i}^{n-1} \bar{a}(a\bar{a})^{N-1}, & n - 2r > 0, \\ g_{r,i}^{n-1} a(\bar{a}a)^{N-1} + (-1)^n g_{r-1,i}^{n-1} \bar{a}, & n - 2r < 0, \\ g_{r,i}^{n-1} a(\bar{a}a)^{N-1} + g_{r-1,i}^{n-1} \bar{a}(a\bar{a})^{N-1}, & n - 2r = 0. \end{cases}$$

记 $g^n = \{g_{r,i}^n \mid 0 \leqslant i \leqslant m-1, \ 0 \leqslant r \leqslant n\}$.

注 (1) 对所有的 i, 有 $g_{0,i}^1 = a_i$, $g_{1,i}^1 = -\bar{a}_{i-1}$; $g_{0,i}^2 = a_i a_{i+1}$, $g_{1,i}^2 = (a_i \bar{a}_i)^N - (\bar{a}_{i-1} a_{i-1})^N$, $g_{2,i}^2 = -\bar{a}_{i-1} \bar{a}_{i-2}$ 且 $a_{-1} = a_{m-1}$.

(2) 对任意 $n \geqslant 0$, $0 \leqslant i \leqslant m-1$, $0 \leqslant r \leqslant n$, $g_{r,i}^n$ 是若干条路的线性组合, 且每条路的起点均为 e_i, 终点均为 e_{i+n-2r}, 故 $g_{r,i}^n$ 是一致元, 有 $o(g_{r,i}^n) = e_i$, $t(g_{r,i}^n) = e_{i+n-2r}$.

对任意的 $n \geqslant 0$, 定义

$$P_n = \bigoplus_{i=0}^{m-1} \bigoplus_{r=0}^{n} \Lambda o(g_{r,i}^n) \otimes t(g_{r,i}^n) \Lambda.$$

如下定义 Λ-Λ-双模态射 α_n: 对 $n = 0$, $\alpha_0 : P_0 \longrightarrow \Lambda$ 是乘法映射; 对 $n \geqslant 1$, $\alpha_n : P_n \longrightarrow P_{n-1}$,

$$o(g_{r,i}^n) \otimes t(g_{r,i}^n) \mapsto \begin{cases} o(g_{r,i}^{n-1}) \otimes t(g_{r,i}^{n-1})a + (-1)^{n+r}ao(g_{r,i+1}^{n-1}) \otimes t(g_{r,i+1}^{n-1}) + (-1)^n o(g_{r-1,i}^{n-1}) \\ \otimes t(g_{r-1,,i}^{n-1})\bar{a}(a\bar{a})^{N-1} + (-1)^{n+r}\bar{a}(a\bar{a})^{N-1}o(g_{r-1,i-1}^{n-1}) \otimes t(g_{r-1,,i-1}^{n-1}), \\ \hspace{8cm} n - 2r > 0, \\ o(g_{r,i}^{n-1}) \otimes t(g_{r,i}^{n-1})a(\bar{a}a)^{N-1} + (-1)^{n+r}a(\bar{a}a)^{N-1}o(g_{r,i+1}^{n-1}) \otimes t(g_{r,i+1}^{n-1}) \\ + (-1)^n o(g_{r-1,i}^{n-1}) \otimes t(g_{r-1,,i}^{n-1})\bar{a} + (-1)^{n+r}\bar{a}o(g_{r-1,,i-1}^{n-1}) \otimes t(g_{r-1,i-1}^{n-1}), \\ \hspace{8cm} n - 2r < 0, \\ \sum_{l=0}^{N-1}(\bar{a}a)^l[o(g_{r,i}^{n-1}) \otimes t(g_{r,i}^{n-1})a + (-1)^r \bar{a}o(g_{r-1,i-1}^{n-1}) \otimes t(g_{r-1,i-1}^{n-1})](\bar{a}a)^{N-l-1} \\ + (a\bar{a})^l[o(g_{r-1,i}^{n-1}) \otimes t(g_{r-1,i}^{n-1})\bar{a} + (-1)^r ao(g_{r-1,i+1}^{n-1}) \otimes t(g_{r-1,i+1}^{n-1})](a\bar{a})^{N-l-1}, \\ \hspace{8cm} n - 2r = 0. \end{cases}$$

定理 3.1[130] 设 Λ 是如上定义的自入射 Koszul 特殊双列代数, 则

$$(\mathbb{P}_\bullet, \alpha_\bullet) \quad \cdots \longrightarrow P_n \xrightarrow{\alpha_n} P_{n-1} \xrightarrow{\alpha_{n-1}} \cdots \xrightarrow{\alpha_2} P_1 \xrightarrow{\alpha_1} P_0 \xrightarrow{\alpha_0} \Lambda \longrightarrow 0$$

是 Λ 的极小投射双模分解.

3.2 Hochschild 同调群

用函子 $- \otimes_{\Lambda^e} \Lambda$ 作用在极小投射分解 $(\mathbb{P}_\bullet, \alpha_\bullet)$ 的删除复形上, 得到链复形

$$\cdots \longrightarrow P_n \otimes_{\Lambda^e} \Lambda \xrightarrow{\alpha_n \otimes 1} P_{n-1} \otimes_{\Lambda^e} \Lambda \xrightarrow{\alpha_{n-1} \otimes 1} \cdots \xrightarrow{\alpha_2 \otimes 1} P_1 \otimes_{\Lambda^e} \Lambda \xrightarrow{\alpha_1 \otimes 1} P_0 \otimes_{\Lambda^e} \Lambda \longrightarrow 0,$$

则

$$\mathrm{HH}_n(\Lambda) = \mathrm{Ker}(\alpha_n \otimes 1)/\mathrm{Im}(\alpha_{n+1} \otimes 1), \quad n \geqslant 1.$$

特别地, $\mathrm{HH}_0(\Lambda) = P_0 \otimes_{\Lambda^e} \Lambda/\mathrm{Im}(\alpha_1 \otimes 1)$.

设 X, Y 是由 Q 中的道路组成的集合, 定义 $X \odot Y = \{(p, q) \in X \times Y \mid t(p) = o(q)$ 且 $t(q) = o(p)\}$, 记 $k(X \odot Y)$ 为域 k 上以 $X \odot Y$ 为基的向量空间. 记

$$\mathcal{B} = \{e_i, (a_i\bar{a}_i)^k, (\bar{a}_ia_i)^k, (a_i\bar{a}_i)^N, (a_i\bar{a}_i)^k a_i, (a_i\bar{a}_i)^k \bar{a}_i$$
$$\mid i = 0, 1, \cdots, m-1, k = 1, 2, \cdots, N-1\},$$

则 $\mathcal{B}$ 为 Λ 的一组 k-基. 本书总选取 $\mathcal{B}$ 作为 Λ 的一组基.

引理 3.1 同调复形 $(\mathbb{P}_\bullet, \alpha_\bullet) \otimes_{\Lambda^e} \Lambda \cong (\mathbb{L}_\bullet, \tau_\bullet)$, 其中 $L_n = k(g^n \odot \mathcal{B})$, 且对任意的 n, $(g_{r,i}^n, b) \in (g^n \odot \mathcal{B})$,

$$\tau_n(g_{r,i}^n, b) = \begin{cases} (g_{r,i}^{n-1}, ab) + (-1)^{n+r}(g_{r,i+1}^{n-1}, ba) + (-1)^n(g_{r-1,i}^{n-1}, \bar{a}(a\bar{a})^{N-1}b) \\ \quad + (-1)^{n+r}(g_{r-1,i-1}^{n-1}, b\bar{a}(a\bar{a})^{N-1}), & n > 2r, \\ (g_{r,i}^{n-1}, a(\bar{a}a)^{N-1}b) + (-1)^{n+r}(g_{r,i+1}^{n-1}, ba(\bar{a}a)^{N-1}) \\ \quad + (-1)^n(g_{r-1,i}^{n-1}, \bar{a}b) + (-1)^{n+r}(g_{r-1,i-1}^{n-1}, b\bar{a}), & n < 2r, \\ (g_{r,i}^{n-1}, a(\bar{a}a)^{N-1}b) + (-1)^{n+r}(g_{r,i+1}^{n-1}, ba(\bar{a}a)^{N-1}) \\ \quad + (-1)^n(g_{r-1,i}^{n-1}, \bar{a}(a\bar{a})^{N-1}b) + (-1)^{n+r}(g_{r-1,i-1}^{n-1}, b\bar{a}(a\bar{a})^{N-1}), & n = 2r. \end{cases}$$

特别地, 当 $N = 1$ 时,

$$\tau_n(g_{r,i}^n, b) = (g_{r,i}^{n-1}, ab) + (-1)^{n+r}(g_{r,i+1}^{n-1}, ba) + (-1)^n(g_{r-1,i}^{n-1}, \bar{a}b) + (-1)^{n+r}(g_{r-1,i-1}^{n-1}, b\bar{a}).$$

证 对任意 $p \in g^n, \xi, \eta, b \in \mathcal{B}$, 因为任意的 Λ-Λ-双模可看作左 Λ^e-模也可看作右 Λ^e-模, 从而有

$$(\xi o(p) \otimes t(p)\eta) \otimes_{\Lambda^e} b = ((o(p) \otimes t(p))(\xi^{op} \otimes \eta)) \otimes_{\Lambda^e} b$$
$$\cong (o(p) \otimes t(p)) \otimes_{\Lambda^e} ((\xi^{op} \otimes \eta)b)$$
$$= (o(p) \otimes t(p)) \otimes_{\Lambda^e} (\eta b \xi).$$

故 $\{o(p) \otimes t(p) \otimes_{\Lambda^e} b \mid p \in g^n, b \in \mathcal{B}\}$ 是 $P_n \otimes_{\Lambda^e} \Lambda$ 的一组 k-基. 令

$$\varphi_n : P_n \otimes_{\Lambda^e} \Lambda \longrightarrow k(g^n \odot \mathcal{B}), \quad (\xi o(p) \otimes t(p)\eta) \otimes_{\Lambda^e} b \mapsto (p, \eta b \xi),$$

则由 φ_n 的线性扩张即得所需的同构. 而 τ_n 则可由 Λ 的极小投射双模分解中对应的微分直接得到. $\square$

注 当 $l > N$ 或 $r < 0$ 或 $r > n$ 时, $(g_{r,i}^n, e_i)$, $(g_{r,i}^n, (a_i\bar{a}_i)^l)$, $(g_{r,i}^n, (\bar{a}_{i-1}a_{i-1})^l)$, $(g_{r,i}^n, (a_i\bar{a}_i)^N)$, $(g_{r,i}^n, (\bar{a}_i a_i)^l \bar{a}_i)$, $(g_{r+1,i}^n, (a_{i-1}\bar{a}_{i-1})^l a_{i-1})$ 均视为零向量.

由 $\mathrm{HH}_n(\Lambda) = \mathrm{Ker}\tau_n / \mathrm{Im}\tau_{n+1}$ 知

$$\dim_k \mathrm{HH}_n(\Lambda) = \dim_k \mathrm{Ker}\, \tau_n - \dim_k \mathrm{Im}\, \tau_{n+1}$$
$$= \dim_k L_n - \dim_k \mathrm{Im}\, \tau_n - \dim_k \mathrm{Im}\, \tau_{n+1}.$$

要计算 Λ 的 Hochschild 同调群的维数, 只需计算 $\dim_k L_n, \dim_k \mathrm{Im}\, \tau_n$ 即可.

引理 3.2 设 $m \geqslant 1$, $n = pm + t$ $(0 \leqslant t \leqslant m-1)$, 则

$$\dim_k P_n \otimes_{\Lambda^e} \Lambda = \dim_k L_n = \begin{cases} 4(n+1)N, & m = 1, \\ 2(2p+2)Nm, & t = m-1, \\ 2(2p+1)Nm, & 0 \leqslant t < m-1. \end{cases} \quad (3.2.1)$$

3.2 Hochschild 同调群

证 记 $g^n \odot \mathcal{B} = (g^n \odot \mathcal{B}^1) \cup (g^n \odot \mathcal{B}^2)$, 其中

$$\mathcal{B}^1 = \{e_i, (a_i\bar{a}_i)^k, (\bar{a}_{i-1}a_{i-1})^k, (a_i\bar{a}_i)^N \mid k=1,2,\cdots,N-1, i=0,1,\cdots,m-1\},$$

$$\mathcal{B}^2 = \{(a_{i-1}\bar{a}_{i-1})^k a_{i-1}, (\bar{a}_i a_i)^k \bar{a}_i \mid k=0,1,\cdots,N-1, i=0,1,\cdots,m-1\}.$$

由 g^n 的构造知, $o(g^n_{r,i}) = e_i$, $t(g^n_{r,i}) = e_{i+n-2r}$. 若 $(g^n_{r,i}, b) \in g^n \odot \mathcal{B}^1$, 则 $i+n-2r \equiv i \pmod{m}$, 即 $n - 2r \equiv 0 \pmod{m}$; 若 $(g^n_{r,i}, b) \in g^n \odot \mathcal{B}^2$, 则 $i+n-2r \equiv i \pm 1 \pmod{m}$, 即 $n - 2r \equiv \pm 1 \pmod{m}$.

若 $m=1, N \geqslant 1$, 则 $g^n \odot \mathcal{B} = (g^n \odot \mathcal{B}^1) \cup (g^n \odot \mathcal{B}^2)$, 其中

$$g^n \odot \mathcal{B}^1 = \{(g^n_{r,0}, e_i), (g^n_{r,0}, (a_0\bar{a}_0)^k), (g^n_{r,0}, (\bar{a}_0 a_0)^k), (g^n_{r,0}, (a_0\bar{a}_0)^N)$$
$$\mid 0 \leqslant r \leqslant n,\ 1 \leqslant k \leqslant N-1\},$$

$$g^n \odot \mathcal{B}^2 = \{(g^n_{r,0}, (a_0\bar{a}_0)^k a_0), (g^n_{r,0}, (\bar{a}_0 a_0)^k \bar{a}_0) \mid 0 \leqslant r \leqslant n,\ 0 \leqslant k \leqslant N-1\}.$$

故 $\dim_k P_n \otimes_{\Lambda^e} \Lambda = \dim_k L_n = 4N(n+1)$. 现在假设 $m \geqslant 2$. 下面对 m 和 t 分情况进行讨论:

(1) m 为偶数, t 为奇数且 $t < m-1$ 时: 关于 r 的同余方程 $n - 2r \equiv 0 \pmod{m}$ 无解, 而 $n - 2r \equiv 1 \pmod{m}$ 和 $n - 2r \equiv -1 \pmod{m}$ 均有 $2p+1$ 个解. 故

$$|g^n \odot \mathcal{B}| = |g^n \odot \mathcal{B}^2| = (2p+1)(mN + mN) = 2(2p+1)mN.$$

(2) m 为偶数, $t = m-1$ 时: $n - 2r \equiv 0 \pmod{m}$ 无解, 而 $n - 2r \equiv 1 \pmod{m}$ 和 $n - 2r \equiv -1 \pmod{m}$ 均有 $2p+2$ 个解. 故

$$|g^n \odot \mathcal{B}| = |g^n \odot \mathcal{B}^2| = (2p+2)(mN + mN) = 2(2p+2)mN.$$

(3) m 为偶数, t 为偶数时: $n - 2r \equiv 0 \pmod{m}$ 有 $2p+1$ 个解, 而 $n - 2r \equiv \pm 1 \pmod{m}$ 无解. 故

$$|g^n \odot \mathcal{B}| = |g^n \odot \mathcal{B}^1| = (2p+1)(m + m(N-1) + m(N-1) + m) = 2(2p+1)mN.$$

(4) m 为奇数, t 为奇数时: $n - 2r \equiv 0 \pmod{m}$ 有 p 个解, 而 $n - 2r \equiv 1 \pmod{m}$ 和 $n - 2r \equiv -1 \pmod{m}$ 均有 $p+1$ 个解. 故

$$|g^n \odot \mathcal{B}| = |g^n \odot \mathcal{B}^1| + |g^n \odot \mathcal{B}^2|$$
$$= p(m + m(N-1) + m(N-1) + m) + (p+1)(mN + mN)$$
$$= 2(2p+1)mN.$$

(5) m 为奇数, t 为偶数且 $t < m-1$ 时: $n - 2r \equiv 0 \pmod{m}$ 有 $p+1$ 个解, 而 $n - 2r \equiv 1 \pmod{m}$ 和 $n - 2r \equiv -1 \pmod{m}$ 均有 p 个解. 故

$$|g^n \odot \mathcal{B}| = |g^n \odot \mathcal{B}^1| + |g^n \odot \mathcal{B}^2|$$
$$= (p+1)(m + m(N-1) + m(N-1) + m) + p(mN + mN)$$
$$= 2(2p+1)mN.$$

(6) m 为奇数, $t = m-1$ 时: $n - 2r \equiv 0 \pmod{m}$ 有 $p+1$ 个解, 而 $n - 2r \equiv 1 \pmod{m}$ 和 $n - 2r \equiv -1 \pmod{m}$ 均有 $p+1$ 个解. 故

$$|g^n \odot \mathcal{B}| = |g^n \odot \mathcal{B}^1| + |g^n \odot \mathcal{B}^2|$$
$$= (p+1)(m + m(N-1) + m(N-1) + m) + (p+1)(mN + mN)$$
$$= 2(2p+2)mN.$$

由此, 即得公式 (3.2.1). □

对于 $\mathrm{Im}\,\tau_n$ 的维数, 分 m 是奇数和偶数两种情形来讨论. 为了方便计算, 首先对 $(g^n \odot \mathcal{B})$ 定义一个序, 使得 $(g^n \odot \mathcal{B})$ 成为线性空间 $k(g^n \odot \mathcal{B})$ 的一组定序基. $(g^n_{r,i}, b) \prec (g^n_{r',i'}, b')$ 如果 $l(b) < l(b')$, 或 $l(b) = l(b')$ 且 $r < r'$, 或 $l(b) = l(b')$, $r = r'$ 且 $i < i'$, b 的长度和 r 均相同时, $(a\bar{a})^k$ 优先 $(\bar{a}a)^k$ 排列, $(a\bar{a})^k a$ 优先 $(\bar{a}a)^k \bar{a}$ 排列. 我们即得 $(g^n \odot \mathcal{B})$ 上的一个全序.

τ_n 在上述定序基下的矩阵仍记作 τ_n, 它的秩记为 $\mathrm{rank}\,\tau_n$. 记 E_m 为 m 阶单位矩阵, D_1 和 D_2 分别为如下的 m 阶方阵:

$$D_1 = \begin{pmatrix} 1 & & & & -1 \\ -1 & 1 & & & \\ & \ddots & \ddots & & \\ & & -1 & 1 & \\ & & & -1 & 1 \end{pmatrix}, \quad D_2 = \begin{pmatrix} 1 & & & & 1 \\ 1 & 1 & & & \\ & \ddots & \ddots & & \\ & & 1 & 1 & \\ & & & 1 & 1 \end{pmatrix}.$$

易见, 当 m 是奇数时, $\mathrm{rank}\,D_1 = m-1$, $\mathrm{rank}\,D_2 = m$; 当 m 为偶数时, $\mathrm{rank}\,D_1 = \mathrm{rank}\,D_2 = m-1$.

引理 3.3 设 $m \geqslant 2$ 为偶数, $n = pm + t (0 \leqslant t < m)$, 则

$$\dim_k \mathrm{Im}\,\tau_n = \begin{cases} (2pN + N)m - (2p+1), & n \text{ 为奇数}, \\ (2pN + 1)m - (2p+1), & n \text{ 为偶数}. \end{cases} \quad (3.2.2)$$

证 设 $m \geqslant 2$ 为偶数, 由引理 3.2 的证明知:

3.2 Hochschild 同调群

当 n 为奇数: 若 $0 \leqslant t < m-1$, 则有

$$(g^n \odot \mathcal{B}) = (g^n \odot \mathcal{B}^2)$$
$$= \{(g_{r,i}^n, (\bar{a}_i a_i)^l \bar{a}_i), (g_{r+1,i}^n, (a_{i-1}\bar{a}_{i-1})^l a_{i-1}) \mid n-2r \equiv 1(\bmod\ m),$$
$$0 \leqslant r \leqslant n, i = 0, 1, \cdots, m-1, l = 1, 2, \cdots, N-1\};$$

若 $t = m-1$, 则有

$$(g^n \odot \mathcal{B}) = (g^n \odot \mathcal{B}^2)$$
$$= \{(g_{0,i}^n, (a_{i-1}\bar{a}_{i-1})^l a_{i-1}), (g_{n,i}^n, (\bar{a}_i a_i)^l \bar{a}_i), (g_{r,i}^n, (\bar{a}_i a_i)^l \bar{a}_i), (g_{r+1,i}^n,$$
$$(a_{i-1}\bar{a}_{i-1})^l a_{i-1}) \mid n-2r \equiv 1(\bmod\ m), 0 \leqslant r < n, i = 0, 1, \cdots, m-1,$$
$$l = 1, 2, \cdots, N-1\}.$$

当 n 为偶数:

$$(g^n \odot \mathcal{B}) = (g^n \odot \mathcal{B}^1)$$
$$= \{(g_{r,i}^n, e_i), (g_{r,i}^n, (a_i\bar{a}_i)^l), (g_{r,i}^n, (\bar{a}_{i-1}a_{i-1})^l), (g_{r,i}^n, (a_i\bar{a}_i)^N)$$
$$\mid l = 1, 2, \cdots, N-1, n-2r \equiv 0(\bmod\ m),$$
$$0 \leqslant r \leqslant n, i = 0, 1, \cdots, m-1\}.$$

对 N 的不同取值, 我们进一步分情况讨论:

(1) $N = 1$, n (或等价地, t) 为奇数. 此时,

$$g^n \odot \mathcal{B} = g^n \odot \mathcal{B}^2$$
$$= \{(g_{r,i}^n, \bar{a}_i), (g_{r+1,i}^n, a_{i-1}) \mid n-2r \equiv 1(\bmod\ m), 0 \leqslant r \leqslant n, i=0,1,\cdots,m-1\}.$$

由引理 3.1 知

$$\tau_n(g_{r,i}^n, \bar{a}_i) = (g_{r,i}^{n-1}, a_i\bar{a}_i) + (-1)^{n+r}(g_{r,i+1}^{n-1}, \bar{a}_i a_i),$$
$$\tau_n(g_{r+1,i}^n, a_{i-1}) = -(g_{r,i}^{n-1}, \bar{a}_{i-1}a_{i-1}) + (-1)^{n+r+1}(g_{r,i-1}^{n-1}, a_{i-1}\bar{a}_{i-1}).$$

故 τ_n 在该定序基下的矩阵 τ_n 有如下形式: 当 $0 \leqslant t < m-1$ 时, $\tau_n = \begin{pmatrix} 0 \\ B_n \end{pmatrix}$; 当 $t = m-1$ 时,

$$\tau_n = \begin{pmatrix} 0 & 0 & 0 \\ 0_{s \times m} & B_n & 0_{s \times m} \end{pmatrix},$$

其中 $s = (2p+1)m$,

$$B_n = \begin{pmatrix} B_{n_1} & & & \\ & B_{n_2} & & \\ & & \ddots & \\ & & & B_{n_{2p+1}} \end{pmatrix},$$

$$B_{n_j} = \begin{cases} (D_1 \ -D_1^{\mathrm{T}}), & \dfrac{t-1+(j-1)m}{2} \text{为偶数}, \\ (D_2 \ -D_2^{\mathrm{T}}), & \dfrac{t-1+(j-1)m}{2} \text{为奇数}. \end{cases}$$

易见 $\mathrm{rank}\tau_n = \mathrm{rank}B_n = \sum_{j=1}^{2p+1} \mathrm{rank}B_{n_j} = (2p+1)(m-1)$.

(2) $N = 1$, n 为偶数. 此时, $g^n \odot \mathcal{B} = g^n \odot \mathcal{B}^1 = \{(g_{r,i}^n, e_i), (g_{r,i}^n, a_i\bar{a}_i) \mid n - 2r \equiv 0 \pmod m, 0 \leqslant r \leqslant n, i = 0, 1, \cdots, m-1\}$. 由引理 3.1 知, $\tau_n(g_{r,i}^n, e_i) = (g_{r,i}^{n-1}, a_{i-1}) + (-1)^{n+r}(g_{r,i+1}^{n-1}, a_i) + (g_{r-1,i}^{n-1}, \bar{a}_i) + (-1)^{n+r}(g_{r-1,i-1}^{n-1}, \bar{a}_{i-1})$, $\tau_n(g_{r,i}^n, a_i\bar{a}_i) = 0$. 故 τ_n 在该定序基下的矩阵 τ_n 有如下形式: $\tau_n = (C_n \ 0)$, 其中

$$C_n = \begin{pmatrix} C_{n_1} & & & \\ & C_{n_2} & & \\ & & \ddots & \\ & & & C_{n_{2p+1}} \end{pmatrix},$$

当 $0 < t < m-1$ 时, 或 $t = 0$, $2 \leqslant j \leqslant 2p$ 时,

$$C_{n_j} = \begin{cases} \begin{pmatrix} D_1^{\mathrm{T}} \\ D_1 \end{pmatrix}, & \dfrac{t+(j-1)m}{2} \text{为奇数}, \\ \begin{pmatrix} D_2^{\mathrm{T}} \\ D_2 \end{pmatrix}, & \dfrac{t+(j-1)m}{2} \text{为偶数}. \end{cases}$$

当 $t = 0$ 时, $C_{n_1} = D_2$, $C_{n_{2p+1}} = D_2^{\mathrm{T}}$. 易见

$$\mathrm{rank}\tau_n = \mathrm{rank}C_n = \sum_{j=1}^{2p+1} \mathrm{rank}C_{n_j} = (2p+1)(m-1).$$

(3) $N > 1$, n 为奇数. 此时, 当 $0 \leqslant t < m-1$ 时,

$g^n \odot \mathcal{B} = g^n \odot \mathcal{B}^2 = \{(g_{r,i}^n, (\bar{a}_i a_i)^l \bar{a}_i), (g_{r+1,i}^n, (a_{i-1}\bar{a}_{i-1})^l a_{i-1})$
$\mid n - 2r \equiv 1 \pmod m, 0 \leqslant r \leqslant n, 0 \leqslant l \leqslant N-1, 0 \leqslant i \leqslant m-1\}.$

3.2 Hochschild 同调群

取 $\lambda = \dfrac{t-1+pm}{2}$, 根据 r 的取值的不同 $r < \lambda, r = \lambda$ 和 $r > \lambda$, 将 $g^n \odot \mathcal{B}^2$ 分为三个部分, 即 $g^n \odot \mathcal{B}^2 = (g^n \odot \mathcal{B}^2)_{r<\lambda} \cup (g^n \odot \mathcal{B}^2)_{r=\lambda} \cup (g^n \odot \mathcal{B}^2)_{r>\lambda}$. 令

$$M_{r<\lambda} = \{(g_{r,i}^n, \bar{a}_i), (g_{r,i}^n, (\bar{a}_i a_i)^l \bar{a}_i)\} \cup \{(g_{r+1,j}^n, a_{j-1})\} \subseteq (g^n \odot \mathcal{B}^2)_{r<\lambda},$$
$$M_{r=\lambda} = \{(g_{r,i}^n, \bar{a}_i), (g_{r,i}^n, (\bar{a}_i a_i)^l \bar{a}_i)\} \cup \{(g_{r,j}^n, (\bar{a}_j a_j)^{N-1} \bar{a}_j)\} \subseteq (g^n \odot \mathcal{B}^2)_{r=\lambda},$$
$$M_{r>\lambda} = \{(g_{r,j}^n, \bar{a}_j)\} \cup \{(g_{r+1,i}^n, a_{i-1}), (g_{r+1,i}^n, (a_{i-1} \bar{a}_{i-1})^l a_{i-1})\} \subseteq (g^n \odot \mathcal{B}^2)_{r>\lambda},$$

其中 $0 \leqslant i \leqslant m-1, 1 \leqslant l \leqslant N-2, 0 \leqslant j \leqslant m-2$.

若用 $g^n \odot \mathcal{B}$ 指标矩阵 τ_n 的列, 用 $g^{n-1} \odot \mathcal{B}$ 指标矩阵 τ_n 的行, 则可断言矩阵 τ_n 的 $M_{r<\lambda} \cup M_{r=\lambda} \cup M_{r>\lambda}$-列线性无关. 事实上, 由引理 3.1 中 τ_n 的表达式不难发现, 这些元素在 τ_n 下的像的支撑互不相同, 因而它们对应的列是线性无关的. 注意到 $M_{r<\lambda}$ 在 $(g^n \odot \mathcal{B}^2)_{r<\lambda}$ 中的补集

$$M_{r<\lambda}^c = (g^n \odot \mathcal{B}^2)_{r<\lambda} \setminus M_{r<\lambda}$$
$$= \{(g_{r,i}^n, (\bar{a}_i a_i)^{N-1} \bar{a}_i)\} \cup \{(g_{r+1,m-1}^n, a_{m-2}), (g_{r+1,i}^n, (a_{i-1} \bar{a}_{i-1})^l a_{i-1})\},$$

其中 $0 \leqslant i \leqslant m-1, 1 \leqslant l \leqslant N-1$. 由引理 3.1 不难验证

$$\tau_n(g_{r+1,m-1}^n, a_{m-2}) = \begin{cases} -\sum_{u=0}^{m-2} \tau_n(g_{r+1,u}^n, a_{u-1}), & r\text{ 为奇数}, \\ \sum_{u=0}^{m-2} (-1)^u \tau_n(g_{r+1,u}^n, a_{u-1}), & r\text{ 为偶数}, \end{cases}$$

$$\tau_n(g_{r,i}^n, (\bar{a}_i a_i)^{N-1} \bar{a}_i) = \begin{cases} -\tau_n(g_{r+1,i+1}^n, a_i), & r\text{ 为奇数}, \\ \tau_n(g_{r+1,i+1}^n, a_i), & r\text{ 为偶数}, \end{cases}$$

以及 $\tau_n(g_{r+1,i}^n, (a_{i-1} \bar{a}_{i-1})^l a_{i-1}) = 0$. 即矩阵 τ_n 的 $M_{r<\lambda}^c$ 中的元素所对应的列都可以由 $M_{r<\lambda}$ 所对应的列线性表示. 类似地, 由

$$M_{r=\lambda}^c = (g^n \odot \mathcal{B}^2)_{r=\lambda} \setminus M_{r=\lambda}$$
$$= \{(g_{r,m-1}^n, (\bar{a}_{m-1} a_{m-1})^{N-1} \bar{a}_{m-1})\} \cup \{(g_{r+1,m-1}^n, a_{m-2}),$$
$$(g_{r+1,i}^n, (a_{i-1} \bar{a}_{i-1})^l a_{i-1}), (g_{r+1,i}^n, (a_{i-1} \bar{a}_{i-1})^{N-1} a_{i-1})$$
$$\mid 0 \leqslant i \leqslant m-1, 1 \leqslant l \leqslant N-1\}$$

及

$$\tau_n(g_{r+1,i}^n, a_{i-1}) = \tau_n(g_{r,i-1}^n, \bar{a}_{i-1}),$$
$$\tau_n(g_{r+1,i}^n, (a_{i-1} \bar{a}_{i-1})^l a_{i-1}) = \tau_n(g_{r,i-1}^n, (\bar{a}_{i-1} a_{i-1})^l \bar{a}_{i-1}),$$

$$\tau_n(g_{r,m-1}^n,(\bar{a}_{m-1}a_{m-1})^{N-1}\bar{a}_{m-1}) = \begin{cases} \sum_{u=0}^{m-2}(-1)^u\tau_n(g_{r,u}^n,(\bar{a}_u a_u)^{N-1}\bar{a}_u), \\ \qquad\qquad\qquad\qquad r\text{为奇数}, \\ -\sum_{u=0}^{m-2}\tau_n(g_{r,u}^n,(\bar{a}_u a_u)^{N-1}\bar{a}_u), \\ \qquad\qquad\qquad\qquad r\text{为偶数}, \end{cases}$$

$$\tau_n(g_{r+1,i}^n,(a_{i-1}\bar{a}_{i-1})^{N-1}a_{i-1}) = \begin{cases} -\tau_n(g_{r,i-1}^n,(\bar{a}_{i-1}a_{i-1})^{N-1}\bar{a}_{i-1}), & r\text{为奇数}, \\ \tau_n(g_{r,i-1}^n,(\bar{a}_{i-1}a_{i-1})^{N-1}\bar{a}_{i-1}), & r\text{为偶数} \end{cases}$$

知，矩阵 τ_n 的 $M_{r=\lambda}^c$ 中的元素所对应的列都可以由 $M_{r=\lambda}$ 所对应的列线性表示. 由

$$\begin{aligned} M_{r>\lambda}^c &= (g^n \odot \mathcal{B}^2)_{r>\lambda} \setminus M_{r>\lambda} \\ &= \{(g_{r,m-1}^n,\bar{a}_{m-1})\} \cup \{(g_{r+1,i}^n,(a_{i-1}\bar{a}_{i-1})^{N-1}a_{i-1}) \\ &\quad \mid 0 \leqslant i \leqslant m-1, 1 \leqslant l \leqslant N-1\}, \end{aligned}$$

$$\tau_n(g_{r,m-1}^n,\bar{a}_{m-1}) = \begin{cases} \sum_{u=0}^{m-2}(-1)^u\tau_n(g_{r,u}^n,\bar{a}_u), & r\text{为奇数}, \\ -\sum_{u=0}^{m-2}\tau_n(g_{r,u}^n,\bar{a}_u), & r\text{为偶数}, \end{cases}$$

$$\tau_n(g_{r+1,i}^n,(a_{i-1}\bar{a}_{i-1})^{N-1}a_{i-1}) = \begin{cases} -\tau_n(g_{r,i-1}^n,\bar{a}_{i-1}), & r\text{为奇数}, \\ \tau_n(g_{r,i-1}^n,\bar{a}_{i-1}), & r\text{为偶数}, \end{cases}$$

以及 $\tau_n(g_{r,i}^n,(\bar{a}_i a_i)^l \bar{a}_i) = 0$ 知, 矩阵 τ_n 的 $M_{r>\lambda}^c$ 中的元素所对应的列都可以由 $M_{r>\lambda}$ 所对应的列线性表示. 因此, $\mathrm{rank}\tau_n = |M_{r<\lambda}| + |M_{r=\lambda}| + |M_{r>\lambda}| = (pNm - p) + (Nm - 1) + (pNm - p) = (2pN + N)m - (2p + 1)$.

当 $t = m - 1$ 时,

$$\begin{aligned} g^n \odot \mathcal{B} &= g^n \odot \mathcal{B}^2 \\ &= \{(g_{0,i}^n,(a_{i-1}\bar{a}_{i-1})^l a_{i-1}),(g_{n,i}^n,(\bar{a}_i a_i)^l \bar{a}_i),(g_{r,i}^n,(\bar{a}_i a_i)^l \bar{a}_i),(g_{r+1,i}^n,(a_{i-1}\bar{a}_{i-1})^l a_{i-1}) \\ &\quad \mid n - 2r \equiv 1 (\bmod\ m), 0 \leqslant r < n, 0 \leqslant l \leqslant N-1, 0 \leqslant i \leqslant m-1\} \\ &= (g^n \odot \mathcal{B}^2)_{r<\lambda} \cup (g^n \odot \mathcal{B}^2)_{r=\lambda} \cup (g^n \odot \mathcal{B}^2)_{\lambda<r<n} \cup (g^n \odot \mathcal{B}^2)_{r=n}, \end{aligned}$$

其中, $(g^n \odot \mathcal{B}^2)_{r=n} = \{(g_{0,i}^n,(a_{i-1}\bar{a}_{i-1})^l a_{i-1}),(g_{n,i}^n,(\bar{a}_i a_i)^l \bar{a}_i)\}$. 而对于 $(g^n \odot \mathcal{B}^2)_{r=n}$ 中的元素, $\tau_n(g_{0,i}^n,(a_{i-1}\bar{a}_{i-1})^l a_{i-1}) = \tau_n(g_{n,i}^n,(\bar{a}_i a_i)^l \bar{a}_i) = 0$. 因此, $\mathrm{rank}\tau_n = |M_{r<\lambda}| + |M_{r=\lambda}| + |M_{\lambda<r<n}| = (pNm - p) + (Nm - 1) + (pNm - p) = (2pN + N)m - (2p + 1)$.

(4) $N > 1, n$ 为偶数. 此时,

$$\begin{aligned}g^n \odot \mathcal{B} &= g^n \odot \mathcal{B}^1 \\ &= \{(g^n_{r,i}, e_i), (g^n_{r,i}, (a_i\bar{a}_i)^l), (g^n_{r,i}, (\bar{a}_{i-1}a_{i-1})^l), (g^n_{r,i}, (a_i\bar{a}_i)^N) \\ &\quad \mid n - 2r \equiv 0(\bmod\ m), 0 \leqslant r \leqslant n, 1 \leqslant l \leqslant N-1, 0 \leqslant i \leqslant m-1\}.\end{aligned}$$

令 $g^n \odot \mathcal{B}^1 = (g^n \odot \mathcal{B}^1)_1 \cup (g^n \odot \mathcal{B}^1)_2 \cup (g^n \odot \mathcal{B}^1)_3$, 其中 $(g^n \odot \mathcal{B}^1)_1 = \{(g^n_{r,i}, e_i)\}_{r,i}$, $(g^n \odot \mathcal{B}^1)_2 = \{(g^n_{r,i}, (a_i\bar{a}_i)^l), (g^n_{r,i}, (\bar{a}_{i-1}a_{i-1})^l)\}_{r,l,i}$, $(g^n \odot \mathcal{B}^1)_3 = \{(g^n_{r,i}, (a_i\bar{a}_i)^N)\}_{r,i}$. 这里 r, i, l 满足 $n - 2r \equiv 0(\bmod\ m)$, $0 \leqslant r \leqslant n, 1 \leqslant l \leqslant N-1, 0 \leqslant i \leqslant m-1$. 令 $M_1 = \{(g^n_{r,i}, e_i) \in (g^n \odot \mathcal{B}^1)_1 \mid i \neq m-1\}$, $M_2 = \{(g^n_{r,i}, (a_i\bar{a}_i)^l) \in (g^n \odot \mathcal{B}^1)_2 \mid n - 2r \neq 0\}$. 类似地, 由 τ_n 的表达式可知 $M_1 \cup M_2$ 中的元素在 τ_n 下的像的支撑互不相同, 从而它们对应的列是线性无关的. 由此断言 $M_1 \cup M_2$ 所对应的列是矩阵 τ_n 的极大线性无关组. 事实上, 由 $M_1^c = (g^n \odot \mathcal{B}^1)_1 \setminus M_1 = \{(g^n_{r,m-1}, e_{m-1}) \mid n - 2r \equiv 0(\bmod\ m), 0 \leqslant r \leqslant n\}$,

$$\tau_n(g^n_{r,m-1}, e_{m-1}) = \begin{cases} -\sum_{u=0}^{m-2} \tau_n(g^n_{r,u}, e_u), & r\text{ 为奇数}, \\ \sum_{u=0}^{m-2} (-1)^u \tau_n(g^n_{r,u}, e_u), & r\text{ 为偶数} \end{cases}$$

知, 矩阵 τ_n 的 M_1^c 中的元素所对应的列都可以由 M_1 所对应的列线性表示. 由 $M_2^c = (g^n \odot \mathcal{B}^1)_2 \setminus M_2 = \{(g^n_{r,i}, (\bar{a}_{i-1}a_{i-1})^l) \in (g^n \odot \mathcal{B}^1)_2\} \cup \{(g^n_{r,i}, (a_i\bar{a}_i)^l) \in (g^n \odot \mathcal{B}^1)_2 \mid n - 2r = 0\}$ 以及当 $n - 2r \neq 0$ 时, $\tau_n(g^n_{r,i}, (\bar{a}_{i-1}a_{i-1})^l) = -(g^n_{r,i-1}, (a_{i-1}\bar{a}_{i-1})^l)$ 和当 $n - 2r = 0$ 时, $\tau_n(g^n_{r,i}, (a_i\bar{a}_i)^l) = \tau_n(g^n_{r,i}, (\bar{a}_{i-1}a_{i-1})^l) = 0$ 知, 矩阵 τ_n 的 M_2^c 中的元素所对应的列都可以由 M_2 所对应的列线性表示. 又 $\tau_n|_{(g^n \odot \mathcal{B}^1)_3} = 0$, 这就证明了我们的断言. 因此, $\mathrm{rank}\tau_n = |M_1| + |M_2| = (2p+1)(m-1) + 2p(N-1)m = (2pN+1)m - (2p+1)$. □

引理 3.4 设 $m > 2$ 为奇数, $N \geqslant 1$, $n = pm + t$ $(0 \leqslant t \leqslant m-1)$, 则

(i) 当 n 为奇数时,

$$\mathrm{rank}\tau_n = \begin{cases} (2p+1)Nm - \dfrac{p}{2} - 1, & t \equiv 1(\bmod\ 4), \\ (2p+1)Nm - \dfrac{p}{2}, & t \equiv 3(\bmod\ 4), \\ (2p+1)Nm - \dfrac{p+1}{2}, & t\text{ 为偶数且 } t + m \equiv 1(\bmod\ 4), \\ (2p+1)Nm - \dfrac{p-1}{2}, & t\text{ 为偶数且 } t + m \equiv 3(\bmod\ 4). \end{cases} \quad (3.2.3)$$

(ii) 当 n 为偶数时,

$$\mathrm{rank}\tau_n = \begin{cases} (2pN+1)m - \dfrac{p-1}{2}, & t \text{ 为奇数且 } t+m \equiv 0 \pmod 4, \\ (2pN+1)m - \dfrac{p+1}{2}, & t \text{ 为奇数且 } t+m \equiv 2 \pmod 4, \\ (2pN+1)m - \dfrac{p}{2}, & t \equiv 0 \pmod 4, \\ (2pN+1)m - \dfrac{p}{2} - 1, & t \equiv 2 \pmod 4. \end{cases} \quad (3.2.4)$$

证 设 m 为奇数, 则 $(g^n \odot \mathcal{B}) = (g^n \odot \mathcal{B}^1) \cup (g^n \odot \mathcal{B}^2)$ 且 $\tau_n(g^n \odot \mathcal{B}^1) \subseteq k(g^{n-1} \odot \mathcal{B}^2)$, $\tau_n(g^n \odot \mathcal{B}^2) \subseteq k(g^{n-1} \odot \mathcal{B}^1)$. 记 $\tau_n^1 = \tau_n|_{(g^n \odot \mathcal{B}^1)}$, $\tau_n^2 = \tau_n|_{(g^n \odot \mathcal{B}^2)}$, 有 $\mathrm{rank}\tau_n = \mathrm{rank}\tau_n^1 + \mathrm{rank}\tau_n^2$. 下面对 N 和 n 分情况进行讨论.

(1) $N \geqslant 1$, n 为奇数. 首先计算 $\mathrm{rank}\tau_n^1$. 类似于引理 3.3(4), $g^n \odot \mathcal{B}^1 = (g^n \odot \mathcal{B}^1)_1 \cup (g^n \odot \mathcal{B}^1)_2 \cup (g^n \odot \mathcal{B}^1)_3$, 其中 $(g^n \odot \mathcal{B}^1)_1 = \{(g_{r,i}^n, e_i)\}$, $(g^n \odot \mathcal{B}^1)_2 = \{(g_{r,i}^n, (a_i\bar{a}_i)^l), (g_{r,i}^n, (\bar{a}_{i-1}a_{i-1})^l)\}$, $(g^n \odot \mathcal{B}^1)_3 = \{(g_{r,i}^n, (a_i\bar{a}_i)^N)\}$. 令 $M_1 = (g^n \odot \mathcal{B}^1)_1$, $M_2 = \{(g_{r,i}^n, (a_i\bar{a}_i)^l) \mid n - 2r \equiv 0 \pmod m, 0 \leqslant r \leqslant n, 1 \leqslant i \leqslant m-1, 1 \leqslant l \leqslant N-1\} \subseteq (g^n \odot \mathcal{B}^1)_2$. 易见矩阵 τ_n 的 $M_1 \cup M_2$ 列线性无关. 而由

$$\tau_n(g_{r,i}^n, (\bar{a}_{i-1}a_{i-1})^l) = \begin{cases} (g_{r,i-1}^n, (\bar{a}_{i-1}a_{i-1})^l), & n - 2r > 0, \\ -(g_{r,i-1}^n, (a_{i-1}\bar{a}_{i-1})^l), & n - 2r < 0 \end{cases}$$

知, 矩阵 τ_n 的 M_2^c 中的元素所对应的列都可以由 M_2 所对应的列线性表示. 又 $\tau_n|_{(g^n \odot \mathcal{B}^1)_3} = 0$, 可得当 t 为奇数时, $\mathrm{rank}\tau_n^1 = |M_1| + |M_2| = pm + p(N-1)m = pNm$. 类似地, 可得当 t 为偶数时, $\mathrm{rank}\tau_n^1 = |M_1| + |M_2| = (p+1)m + (p+1)(N-1)m = (p+1)Nm$.

接下来计算 $\mathrm{rank}\tau_n^2$. 当 $0 \leqslant t < m-1$ 时, 类似于引理 3.3(3), 取 $\lambda = \dfrac{t-1+pm}{2}$, 记 $g^n \odot \mathcal{B}^2 = (g^n \odot \mathcal{B}^2)_{r<\lambda} \cup (g^n \odot \mathcal{B}^2)_{r=\lambda} \cup (g^n \odot \mathcal{B}^2)_{r>\lambda}$. 令

$M_{r<\lambda} = \{(g_{r,i}^n, (\bar{a}_ia_i)^l\bar{a}_i)\} \cup \{(g_{r,j}^n, (\bar{a}_ja_j)^{N-1}\bar{a}_j)\} \subseteq (g^n \odot \mathcal{B}^2)_{r<\lambda}$,
$M_{r=\lambda} = \{(g_{r,i}^n, (\bar{a}_ia_i)^l\bar{a}_i)\} \cup \{(g_{r,j}^n, (\bar{a}_ja_j)^{N-1}\bar{a}_j)\} \subseteq (g^n \odot \mathcal{B}^2)_{r=\lambda}$,
$M_{r>\lambda} = \{(g_{r+1,i}^n, (a_{i-1}\bar{a}_{i-1})^la_{i-1})\} \cup \{(g_{r+1,j}^n, (a_{j-1}\bar{a}_{j-1})^{N-1}a_{j-1})\} \subseteq (g^n \odot \mathcal{B}^2)_{r>\lambda}$,

其中 $0 \leqslant i \leqslant m-1$, $0 \leqslant l \leqslant N-2$, 当 r 为奇数时, $0 \leqslant j \leqslant m-1$; 当 r 为偶数时, $0 \leqslant j \leqslant m-2$.

类似于引理 3.3(3) 的证明, 可得矩阵 τ_n 的 $M_{r<\lambda} \cup M_{r=\lambda} \cup M_{r>\lambda}$ 列线性无关. 而对于 $M_{r<\lambda}^c$ 中的元素, 当 r 为奇数时,

$$\tau_n(g_{r+1,i}^n, a_{i-1}) = -\tau_n(g_{r,i-1}^n, (\bar{a}_{i-1}a_{i-1})^{N-1}\bar{a}_{i-1}),$$
$$\tau_n(g_{r+1,i}^n, (a_{i-1}\bar{a}_{i-1})^la_{i-1}) = 0 \quad (1 \leqslant l \leqslant N-1).$$

当 r 为偶数时,

$$\tau_n(g_{r,m-1}^n, (\bar{a}_{m-1}a_{m-1})^{N-1}\bar{a}_{m-1}) = -\sum_{u=0}^{m-2}\tau_n(g_{r,u}^n, (\bar{a}_u a_u)^{N-1}\bar{a}_u),$$

$$\tau_n(g_{r+1,i}^n, a_{i-1}) = \tau_n(g_{r,i-1}^n, (\bar{a}_{i-1}a_{i-1})^{N-1}\bar{a}_{i-1}),$$

$$\tau_n(g_{r+1,i}^n, (a_{i-1}\bar{a}_{i-1})^l a_{i-1}) = 0 \ (1 \leqslant l \leqslant N-1).$$

从而可知矩阵 τ_n 的 $M_{r<\lambda}^c$ 中的元素所对应的列都可由 $M_{r<\lambda}$ 所对应的列线性表示.

对于 $M_{r=\lambda}^c$ 中的元素, 当 r 为奇数时,

$$\tau_n(g_{r+1,i}^n, (a_{i-1}\bar{a}_{i-1})^l a_{i-1}) = -\tau_n(g_{r,i-1}^n, (\bar{a}_{i-1}a_{i-1})^l \bar{a}_{i-1}).$$

当 r 为偶数时,

$$\tau_n(g_{r,m-1}^n, (\bar{a}_{m-1}a_{m-1})^{N-1}\bar{a}_{m-1}) = -\sum_{u=0}^{m-2}\tau_n(g_{r,u}^n, (\bar{a}_u a_u)^{N-1}\bar{a}_u),$$

$$\tau_n(g_{r+1,i}^n, (a_{i-1}\bar{a}_{i-1})^l a_{i-1}) = -\tau_n(g_{r,i-1}^n, (\bar{a}_{i-1}a_{i-1})^l \bar{a}_{i-1}).$$

从而矩阵 τ_n 的 $M_{r=\lambda}^c$ 中的元素所对应的列都可以由 $M_{r=\lambda}$ 所对应的列线性表示.

对于 $M_{r>\lambda}^c$ 中的元素, 当 r 为奇数时,

$$\tau_n(g_{r,i}^n, \bar{a}_i) = -\tau_n(g_{r+1,i+1}^n, (a_i\bar{a}_i)^{N-1}a_i), \quad \tau_n(g_{r,i}^n, (\bar{a}_i a_i)^l \bar{a}_i) = 0 \ (1 \leqslant l \leqslant N-1).$$

当 r 为偶数时,

$$\tau_n(g_{r+1,m-1}^n, (a_{m-2}\bar{a}_{m-2})^{N-1}a_{m-2}) = -\sum_{u=0}^{m-2}\tau_n(g_{r+1,u}^n, (a_{u-1})\bar{a}_{u-1}^{N-1}a_{u-1}),$$

$$\tau_n(g_{r,i}^n, \bar{a}_i) = -\tau_n(g_{r+1,i+1}^n, (a_i\bar{a}_i)^{N-1}a_i), \quad \tau_n(g_{r,i}^n, (\bar{a}_i a_i)^l \bar{a}_i) = 0 \ (1 \leqslant l \leqslant N-1).$$

从而矩阵 τ_n 的 $M_{r>\lambda}^c$ 中的元素所对应的列都可由 $M_{r>\lambda}$ 所对应的列线性表示.

由引理 3.2(4) 知, 当 t 为奇数时, 同余方程 $n - 2r \equiv 1 \pmod{m}$ 有 $p+1$ 个解. 其中, 当 $t \equiv 1 \pmod{4}$ 时, 有 $\frac{p}{2}$ 个 r 为奇数, $\frac{p}{2}+1$ 个 r 为偶数; 当 $t \equiv 3 \pmod{4}$ 时, 有 $\frac{p}{2}+1$ 个 r 为奇数, $\frac{p}{2}$ 个 r 为偶数; 由定理 3.2(5) 知, 当 t 为偶数且 $t < m-1$ 时, 同余方程 $n - 2r \equiv 1 \pmod{m}$ 有 p 个解. 其中, 当 $t + m \equiv 1 \pmod{4}$ 时, 有 $\frac{p-1}{2}$ 个 r 为奇数, $\frac{p+1}{2}$ 个 r 为偶数; 当 $t + m \equiv 3 \pmod{4}$ 时, 有 $\frac{p+1}{2}$ 个 r 为奇数, $\frac{p-1}{2}$ 个 r 为偶数. 因而

$$\mathrm{rank}\tau_n^2 = |M_{r<\lambda}| + |M_{r=\lambda}| + |M_{r>\lambda}|$$

$$= \begin{cases} (p+1)Nm - \dfrac{p}{2} - 1, & t \text{ 为奇数且 } t \equiv 1 \pmod{4}, \\ (p+1)Nm - \dfrac{p}{2}, & t \text{ 为奇数且 } t \equiv 3 \pmod{4}, \\ pNm - \dfrac{p+1}{2}, & t \text{ 为偶数且 } t+m \equiv 1 \pmod{4}, \\ pNm - \dfrac{p-1}{2}, & t \text{ 为偶数且 } t+m \equiv 3 \pmod{4}. \end{cases}$$

由 $\mathrm{rank}\tau_n = \mathrm{rank}\tau_n^1 + \mathrm{rank}\tau_n^2$ 即得公式 (3.2.3), 此为 $0 \leqslant t < m-1$ 的情形. 对 $t = m-1$, 仿照引理 3.3(3) 的讨论, 仍可得公式 (3.2.3).

(2) $N \geqslant 1$, n 为偶数. 首先计算 $\mathrm{rank}\tau_n^1$. 类似于引理 3.3(4), $g^n \odot \mathcal{B}^1 = (g^n \odot \mathcal{B}^1)_1 \cup (g^n \odot \mathcal{B}^1)_2 \cup (g^n \odot \mathcal{B}^1)_3$. 令 $M_1 = \{(g_{r,j}^n, e_j)\} \subseteq (g^n \odot \mathcal{B}^1)_1$, $M_2 = \{(g_{r,i}^n, (a_i\bar{a}_i)^l) \mid n - 2r \neq 0\} \subseteq (g^n \odot \mathcal{B}^1)_2$. 这里 $0 \leqslant i \leqslant m-1$, $1 \leqslant l \leqslant N-1$. 当 r 为奇数时, $0 \leqslant j \leqslant m-2$; 当 r 为偶数时, $0 \leqslant j \leqslant m-1$.

类似于前面的讨论, 矩阵 τ_n 的 $M_1 \cup M_2$ 列线性无关. 当 r 为奇数时, $M_1^c = (g^n \odot \mathcal{B}^1)_1 \setminus M_1 = \{(g_{r,m-1}^n, e_{m-1})\}$. 由 $\tau_n(g_{r,m-1}^n, e_{m-1}) = -\sum_{u=0}^{m-2} \tau_n(g_{r,u}^n, e_u)$ 知, 矩阵 τ_n 的 M_1^c 中的元素所对应的列都可由 M_1 中的元素所对应的列线性表示. 对于 $M_2^c = (g^n \odot \mathcal{B}^1)_2 \setminus M_2 = \{(g_{r,i}^n, (a_i\bar{a}_i)^l) \mid n - 2r = 0\} \cup \{(g_{r,i}^n, (\bar{a}_{i-1}a_{i-1})^l)\}$ 中的元素, 当 $n - 2r = 0$ 时, $\tau_n(g_{r,i}^n, (a_i\bar{a}_i)^l) = \tau_n(g_{r,i}^n, (\bar{a}_{i-1}a_{i-1})^l) = 0$; 当 $n - 2r \neq 0$ 时,

$$\tau_n(g_{r,i}^n, (\bar{a}_{i-1}a_{i-1})^l) = \begin{cases} -\tau_n(g_{r,i-1}^n, (a_{i-1}\bar{a}_{i-1})^l), & r \text{ 为奇数}, \\ \tau_n(g_{r,i-1}^n, (a_{i-1}\bar{a}_{i-1})^l), & r \text{ 为偶数}. \end{cases}$$

从而可知矩阵 τ_n 的 M_2^c 中的元素所对应的列都可由 M_2 所对应的列线性表示. 又 $\tau_n|_{(g^n \odot \mathcal{B}^1)_3} = 0$, 由引理 3.2(4) 知, 当 t 为奇数时, 同余方程 $n - 2r \equiv 0 \pmod{m}$ 有 p 个解. 其中, 当 $t + m \equiv 0 \pmod{4}$ 时, 有 $\dfrac{p-1}{2}$ 个 r 为奇数, $\dfrac{p+1}{2}$ 个 r 为偶数; 当 $t + m \equiv 2 \pmod{4}$ 时, 有 $\dfrac{p+1}{2}$ 个 r 为奇数, $\dfrac{p-1}{2}$ 个 r 为偶数; 由引理 3.2(5) 和 (6) 知, 当 t 为偶数时, 同余方程 $n - 2r \equiv 0 \pmod{m}$ 有 $p+1$ 个解. 其中, 当 $t \equiv 0 \pmod{4}$ 时, 有 $\dfrac{p}{2}$ 个 r 为奇数, $\dfrac{p}{2} + 1$ 个 r 为偶数; 当 $t \equiv 2 \pmod{4}$ 时, 有 $\dfrac{p}{2} + 1$ 个 r 为奇数, $\dfrac{p}{2}$ 个 r 为偶数. 因此,

$$\mathrm{rank}\tau_n^1 = |M_1| + |M_2| = \begin{cases} (pN - N + 1)m - \dfrac{p-1}{2}, & t \text{为奇数且} t + m \equiv 0 \pmod{4}, \\ (pN - N + 1)m - \dfrac{p+1}{2}, & t \text{为奇数且} t + m \equiv 2 \pmod{4}, \\ (pN + 1)m - \dfrac{p}{2}, & t \equiv 0 \pmod{4}, \\ (pN + 1)m - \dfrac{p}{2} - 1, & t \equiv 2 \pmod{4}. \end{cases}$$

3.2 Hochschild 同调群

接下来计算 $\mathrm{rank}\tau_n^2$. 当 $0 \leqslant i \leqslant m-1$ 时, 取 $\lambda = \dfrac{t-1+pm}{2}$, 则 $g^n \odot \mathcal{B}^2 = (g^n \odot \mathcal{B}^2)_{r<\lambda} \cup (g^n \odot \mathcal{B}^2)_{r>\lambda}$. 令

$$M_{r<\lambda} = \{(g_{r,i}^n, (\bar{a}_i a_i)^l \bar{a}_i)\} \cup \{(g_{r,i}^n, (\bar{a}_i a_i)^{N-1} \bar{a}_i) \mid r \text{ 为偶数}\}$$
$$\cup \{(g_{r+1,i}^n, a_{i-1}) \mid r \text{ 为奇数}\} \subseteq (g^n \odot \mathcal{B}^2)_{r<\lambda};$$
$$M_{r>\lambda} = \{(g_{r+1,i}^n, (a_{i-1} \bar{a}_{i-1})^l a_{i-1})\} \cup \{(g_{r+1,i}^n, (a_{i-1} \bar{a}_{i-1})^{N-1} a_{i-1}) \mid r \text{ 为奇数}\}$$
$$\cup \{(g_{r,i}^n, \bar{a}_i) \mid r \text{ 为偶数}\} \subseteq (g^n \odot \mathcal{B}^2)_{r>\lambda},$$

其中 $0 \leqslant i \leqslant m-1, 0 \leqslant l \leqslant N-2$. 则矩阵 τ_n 的 $M_{r<\lambda} \cup M_{r>\lambda}$ 列线性无关. 对于 $M_{r<\lambda}^c$ 中的元素, 当 r 为奇数时,

$$\tau_n(g_{r,i}^n, (\bar{a}_i a_i)^{N-1} \bar{a}_i) = \tau_n(g_{r+1,i}^n, a_{i-1}) - \tau_n(g_{r+1,i-1}^n, a_{i-2}),$$
$$\tau_n(g_{r+1,i}^n, (a_{i-1} \bar{a}_{i-1})^l a_{i-1}) = 0.$$

当 r 为偶数时,

$$\tau_n(g_{r+1,i}^n, a_{i-1}) = \tau_n(g_{r,i}^n, (\bar{a}_i a_i)^{N-1} \bar{a}_i) - (g_{r,i+1}^n, (\bar{a}_{i+1} a_{i+1})^{N-1} \bar{a}_{i+1}),$$
$$\tau_n(g_{r+1,i}^n, (a_{i-1} \bar{a}_{i-1})^l a_{i-1}) = 0, \quad \text{其中 } 1 \leqslant l \leqslant N-1,$$

即矩阵 τ_n 的 $M_{r<\lambda}^c$ 中的元素所对应的列都可由 $M_{r<\lambda}$ 所对应的列线性表示.

类似地, 对于 $M_{r>\lambda}^c$ 中的元素, 当 r 为奇数时,

$$\tau_n(g_{r,i}^n, \bar{a}_i) = \tau_n(g_{r+1,i}^n, (a_{i-1} \bar{a}_{i-1})^{N-1} a_{i-1}) - \tau_n(g_{r+1,i-1}^n, (a_{i-2} \bar{a}_{i-2})^{N-1} a_{i-2}),$$
$$\tau_n(g_{r,i}^n, (\bar{a}_i a_i)^l \bar{a}_i) = 0, \quad \text{其中 } 1 \leqslant l \leqslant N-1.$$

当 r 为偶数时,

$$\tau_n(g_{r+1,i}^n, (a_{i-1} \bar{a}_{i-1})^{N-1} a_{i-1}) = \tau_n(g_{r,i}^n, \bar{a}_i) - \tau_n(g_{r,i+1}^n, \bar{a}_{i+1}),$$
$$\tau_n(g_{r,i}^n, (\bar{a}_i a_i)^l \bar{a}_i) = 0, \quad \text{其中 } 1 \leqslant l \leqslant N-1.$$

即知矩阵 τ_n 的 $M_{r>\lambda}^c$ 中的元素所对应的列都可由 $M_{r>\lambda}$ 所对应的列线性表示. 因此, 当 t 为奇数时, $\mathrm{rank}^2 \tau_n = |M_{r<\lambda}| + |M_{r>\lambda}| = (p+1)Nm$; 当 t 为偶数时, $\mathrm{rank}^2 \tau_n = |M_{r<\lambda}| + |M_{r>\lambda}| = pNm$. 由 $\mathrm{rank}\tau_n = \mathrm{rank}\tau_n^1 + \mathrm{rank}\tau_n^2$ 即得公式 (3.2.4). 对 $t = m-1$ 的情形, 仿照引理 3.3(3) 的讨论, 仍可得公式 (3.2.4). □

类似地, 我们可以证明如下结论.

引理 3.5 设 $m=1, N \geqslant 1$, 则

$$\dim_k \mathrm{Im}\, \tau_n = \begin{cases} (2n+1)(N-1) + \dfrac{3(n-1)}{2}, & n \text{ 为奇数}, \\ 2nN - \dfrac{n}{2} + 1, & n \text{ 为偶数}. \end{cases}$$

定理 3.2 设 $m \geqslant 2$ 为偶数,$N \geqslant 1$,$n = pm + t$ $(0 \leqslant t \leqslant m-1)$,则

$$\dim_k \mathrm{HH}_n(\Lambda) = \begin{cases} (N-1)m + (4p+4), & t = m-1, \\ (N-1)m + (4p+2), & 0 \leqslant t < m-1. \end{cases}$$

证 由 $\mathrm{HH}_n(\Lambda) = \mathrm{Ker}\tau_n / \mathrm{Im}\tau_{n+1}$ 知

$$\dim_k \mathrm{HH}_n(\Lambda) = \dim_k \mathrm{Ker}\tau_n - \dim_k \mathrm{Im}\tau_{n+1}$$
$$= \dim_k L_n - \dim_k \mathrm{Im}\tau_n - \dim_k \mathrm{Im}\tau_{n+1}.$$

由引理 3.2 和引理 3.3 即得. □

类似地,我们有如下结论.

定理 3.3 设 $m > 2$ 为奇数,$N \geqslant 1$,$n = pm + t$ $(0 \leqslant t \leqslant m-1)$,则

(i) 当 n 为奇数时,

$$\dim_k \mathrm{HH}_n(\Lambda) = \begin{cases} (N-1)m + (p+2), & t \equiv 1 \pmod 4, \\ (N-1)m + p, & t \equiv 3 \pmod 4, \\ (N-1)m + (p+1), & t \text{ 为偶数且 } t+m \equiv 1 \pmod 4, \\ (N-1)m + (p-1), & t \text{ 为偶数且 } t+m \equiv 3 \pmod 4. \end{cases}$$

(ii) 当 n 为偶数时,

$$\dim_k \mathrm{HH}_n(\Lambda) = \begin{cases} (N-1)m + p, & t \text{ 为奇数}, \\ (N-1)m + (p+1), & t \text{ 为偶数}. \end{cases}$$

定理 3.4 设 $m = 1$,$N \geqslant 1$,则

$$\dim_k \mathrm{HH}_n(\Lambda) = \begin{cases} 4(n+1), & m = N = 1 \text{ 且 } \mathrm{char} k = 2, \\ n + N + 2, & \text{其他}. \end{cases}$$

注 由定理 3.2~定理 3.4 即知,韩阳的猜想对于这类自入射 Koszul 代数成立.

第4章 对应于根双模的拟遗传代数的 Hochschild 上同调群

4.1 对应于根双模的拟遗传代数

设 k 是一个域,Λ 是 k 上的有限维遗传代数,$M = \mathrm{rad}(-,-)$ 是 Λ 的投射模范畴 $\mathrm{proj}.\Lambda$ 上的根双模,则由文献 [85] 知,存在拟遗传代数 $A = \mathcal{A}(\Lambda)$,使得这个拟遗传代数的 Δ-好模范畴与矩阵范畴 $\mathrm{mat}M$ 等价. 文献 [148] 也得到了 A 的一个实现,即 A 的 Gabriel 箭图与关系.

设 $\Lambda = kQ$,$Q = (Q_0, Q_1)$ 是一个有限直向箭图,即存在顶点集 $Q_0 = \{1, 2, \cdots, n\}$ 上的一个序使得从 i 到 j 有一个箭向 $\alpha : i \longrightarrow j$ 暗示着 $i < j$. 按从左到右的方式写 Q 中道路的合成. 对 Q 中的每一条道路 w,$s(w)$ 和 $t(w)$ 分别记 w 的始点和终点,$l(w)$ 记 w 的长度. i 点的平凡的路记为 e_i. 我们按如下方式构造一个代数 $\mathcal{A}(Q)$[51, 148]: 如果在 Q 中存在从 i 到 j 的一个箭向 $\alpha : i \longrightarrow j$,则在 Q 中从 j 到 i 画一条箭向 $\alpha' : j \longrightarrow i$,这样得到的箭图记作 $\tilde{Q}$. $\mathcal{A}(Q)$ 定义为 $k\tilde{Q}/I$,其中 I 是由下面两种类型的元素生成的路代数 $k\tilde{Q}$ 的理想:

(1) $\rho_i = \alpha\alpha' - \sum_{\beta} \beta'\beta, \alpha, \beta \in Q_1, s(\alpha) = t(\beta) = i$;

(2) $\alpha\beta', \alpha, \beta \in Q_1$,且 $t(\alpha) = t(\beta), \alpha \neq \beta$,

其中 $\alpha \neq \beta$ 表示 α 和 β 是不同的箭向.

引理 4.1[148] 设 $\Lambda = kQ$ 是有限维遗传代数,$A = \mathcal{A}(\Lambda)$ 是 Λ 的投射模范畴 $\mathrm{proj}.\Lambda$ 上的根双模 $\mathrm{rad}(-,-)$ 所对应的拟遗传代数,则 $A \simeq \mathcal{A}(Q)$.

引理 4.2[85, 148] $A = \mathcal{A}(Q)$ 是 Koszul 代数,且整体维数

$$\mathrm{gl.dim} A = \begin{cases} 0, & A \text{ 是半单的}, \\ 2, & A \text{ 不是半单的}. \end{cases}$$

回忆一下,设 $\Lambda = kQ$ 是代数闭域 k 上的有限维连通基 (basic) 代数,Λ 称为有限表示型的,如果它的有限生成模范畴 $\mathrm{mod}\Lambda$ 中仅有有限多个互不同构的不可分解 Λ-模. $\Lambda = kQ$ 是有限表示型当且仅当 Q 的基础图是 Dynkin 图,即 $A_n\ (n \geqslant 1)$,$D_n (n \geqslant 4)$,E_6,E_7,E_8.

从现在起整章中总假定 $\Lambda = kQ$ 是有限表示型遗传代数,其中 Q 是有限直向箭图 (即 Q 不含定向圈). $A = \mathcal{A}(Q)$ 是 $\Lambda = kQ$ 的投射模范畴 $\mathrm{proj}.\Lambda$ 上的根双模

rad(−, −) 所对应的拟遗传代数. 不失一般性, 我们固定 Q 的一个线性定向, 即 Q 的箭图分别如下:

$$Q_{A_n} = 1 \xrightarrow{\alpha_1} 2 \xrightarrow{\alpha_2} 3 \xrightarrow{\alpha_3} \cdots \xrightarrow{\alpha_{n-2}} n-1 \xrightarrow{\alpha_{n-1}} n, \; n \geqslant 1$$

$$Q_{D_n} = 2 \xrightarrow{\alpha_2} 3 \xrightarrow{\alpha_3} 4 \xrightarrow{\alpha_4} \cdots \xrightarrow{\alpha_{n-2}} n-1 \xrightarrow{\alpha_{n-1}} n, \; n \geqslant 4$$
$$\uparrow^{\alpha_1}$$
$$1$$

$$Q_{E_n} = 2 \xrightarrow{\alpha_2} 3 \xrightarrow{\alpha_3} 4 \xrightarrow{\alpha_4} 5 \xrightarrow{\alpha_5} \cdots \xrightarrow{\alpha_{n-2}} n-1 \xrightarrow{\alpha_{n-1}} n, \; n = 6, 7, 8.$$
$$\uparrow^{\alpha_1}$$
$$1$$

按上面给出的方式, 分别得到 Q_i ($i = A_n, D_n, E_6, E_7, E_8$) 所对应的 $\tilde{Q}_i$. 进一步地, 即得 A 的五种形式: $A(Q_i) = k\tilde{Q}_i/I_i$, $I_i = \langle R_i \rangle$, $i = A_n, D_n, E_6, E_7, E_8$, 其中 R_i 分别为

$$R_{A_n} = \{\rho_t | \rho_t = \alpha_t \alpha_t' - \alpha_{t-1}' \alpha_{t-1}, t = 2, 3, \cdots, n-1; \rho_1 = \alpha_1 \alpha_1'\};$$

$$R_{D_n} = \{\rho_t | \rho_t = \alpha_t \alpha_t' - \alpha_{t-1}' \alpha_{t-1}, t = 4, 5, \cdots, n-1; \rho_1 = \alpha_1 \alpha_1'; \rho_2 = \alpha_2 \alpha_2';$$
$$\rho_3 = \alpha_3 \alpha_3' - \alpha_2' \alpha_2 - \alpha_1' \alpha_1\} \cup \{\alpha_1 \alpha_2', \alpha_2 \alpha_1'\};$$

$$R_{E_6} = \{\rho_1 = \alpha_1 \alpha_1'; \rho_2 = \alpha_2 \alpha_2'; \rho_3 = \alpha_3 \alpha_3' - \alpha_2' \alpha_2; \rho_4 = \alpha_4 \alpha_4' - \alpha_3' \alpha_3 - \alpha_1' \alpha_1;$$
$$\rho_5 = \alpha_5 \alpha_5' - \alpha_4' \alpha_4\} \cup \{\alpha_1 \alpha_3', \alpha_3 \alpha_1'\};$$

$$R_{E_7} = R(E_6) \cup \{\rho_6 = \alpha_6 \alpha_6' - \alpha_5' \alpha_5\};$$

$$R_{E_8} = R(E_7) \cup \{\rho_7 = \alpha_7 \alpha_7' - \alpha_6' \alpha_6\}.$$

4.2 极小投射分解

本节总假定 A 是代数闭域 k 上的有限表示型遗传代数 $\Lambda = kQ$ 的投射模范畴 proj.Λ 上的根双模 rad(−, −) 所对应的拟遗传代数. 设 $p, q \in k\tilde{Q}$ 是 $\tilde{Q}$ 中的任意两条道路或道路的和, 我们称 p 与 q 等价 (记为 $p \sim q$) 如果 $\bar{p} = \bar{q} \in A$, $\bar{p}, \bar{q}$ 分别表示 p, q 在 A 中的像.

引理 4.3 任取 $\tilde{Q}$ 中的一条道路 $p, 0 \neq \bar{p} \in A$, 则 p 总等价于某些形如 $\mu' \nu$ ($\mu, \nu \in Q$) 的道路的和, 即 $p \sim \sum_{\mu,\nu \in Q} \mu' \nu$, 其中当 $\mu = e_i \in Q_0$ 时, $\mu' = \mu = e_i$; 当 $\mu = \alpha_i \cdots \alpha_k \cdots \alpha_j$ ($\alpha_k \in Q_1, i \leqslant k \leqslant j$) 时, $\mu' = \alpha_j' \cdots \alpha_k' \cdots \alpha_i'$.

证 若 p 仅含 μ' 形式或仅含 ν 形式, $\mu, \nu \in Q$, 结论显然成立. 若 p 既含 μ' 形式又含 ν 形式, $l(\mu), l(\nu) \geqslant 1$, 则 $l(p) \geqslant 2$. 对 p 的长度作归纳法. 当 $l(p) = 2$ 时, 若 $p = \mu' \nu, \mu, \nu \in Q_1$, 结论显然成立; 若 $p = \mu \nu', \mu, \nu \in Q_1$, 因为 $\bar{p} \neq 0$, 所以 $\mu = \nu$.

从而 $\bar{p} = \overline{\mu\mu'} = \bar{q} \in A$, 其中 $q = \sum_{\alpha \in Q_1} \alpha'\alpha, t(\alpha) = s(\mu)$, 即 $p \sim q$. 假设结论对于 $l(p) \leqslant l-1$ 成立, 则当 $l(p) = l$ 时, 若 $p = \alpha'p_1, \alpha \in Q_1, l(p_1) = l-1$, 根据假设, $p_1 \sim \sum_{\mu,\nu \in Q} \mu'\nu$, 从而即得 $p \sim \sum_{\mu,\nu \in Q} (\mu\alpha)'\nu$; 若 $p = \alpha p_1, \alpha \in Q_1, l(p_1) = l-1$, 则 p_1 中一定含有 μ' 形式. 当 p_1 仅含 μ' 形式时, 可设 $p = \alpha p_2'\beta', \beta \in Q_1, l(\alpha p_2') = l-1$, 根据假设, $\alpha p_2' \sim \sum_{\mu,\nu \in Q} \mu'\nu$ 且 $l(\mu), l(\nu) \geqslant 1$, 从而有 $p \sim \sum_{\mu,\nu \in Q} \mu'\nu\beta'$, 由于 $l(\nu\beta') \leqslant l-1$, 根据假设, $\nu\beta' \sim \sum_{\delta,\theta \in Q} \delta'\theta$, 从而 $p \sim \sum_{\mu,\delta,\theta \in Q} (\delta\mu)'\theta$; 当 p_1 既含 μ' 形式又含 ν 形式时, $l(p_1) = l-1$, 根据假设, 同理可证. □

由该引理, 我们可以给出以下定义.

定义 4.1 $k\tilde{Q}$ 中的一条道路 p 若有形式 $\mu'\nu, \mu, \nu \in Q$, 则称为左正规的.

为简洁起见, 我们取定 $A = A(Q)$ 的一组左正规 k-基 B, 它由 $\tilde{Q}$ 中的左正规的道路组成. 设 X, Y 是由一些路组成的集合, 记集合 $(X \parallel Y) = \{(p,q) \in X \times Y | s(p) = s(q), t(p) = t(q)\}$. 记以集合 $(X \parallel Y)$ 作为基的 k-向量空间为 $k(X \parallel Y)$.

设 $A^e = A^{op} \otimes_k A$ 是 A 的包络代数, Bardzell 在文献 [15] 中构造了 A 的一个极小投射 A^e-分解. 由引理 4.2 知, A 的一个 Bardzell 极小投射 A^e-分解为

$$(\mathbb{P}_\bullet, \phi_\bullet): \quad 0 \longrightarrow P_2 \xrightarrow{\phi_2} P_1 \xrightarrow{\phi_1} P_0 \xrightarrow{\phi_0} A \longrightarrow 0,$$

其中 $P_0 = \coprod_{e \in Q_0} Ae \otimes eA; P_1 = \coprod_{\alpha \in \tilde{Q}_1} As(\alpha) \otimes t(\alpha)A; P_2 = \coprod_{\rho \in R} As(\rho) \otimes t(\rho)A$, 且

$$\phi_0(e \otimes e) = e; \quad \phi_1(s(\alpha) \otimes t(\alpha)) = \alpha \otimes t(\alpha) - s(\alpha) \otimes \alpha;$$

$$\phi_2(s(\rho_i) \otimes t(\rho_i)) = s(\rho_i) \otimes \alpha' + \alpha \otimes t(\rho_i) - \sum_\beta (s(\rho_i) \otimes \beta + \beta' \otimes t(\rho_i));$$

$$\rho_i = \alpha\alpha' - \sum_\beta \beta'\beta \in R;$$

$$\phi_2(s(\alpha\beta') \otimes t(\alpha\beta')) = s(\alpha\beta') \otimes \beta' + \alpha \otimes t(\alpha\beta'), \quad \alpha\beta' \in R, \quad \alpha \neq \beta.$$

4.3 Hochschild 上同调群

将函子 $\mathrm{Hom}_{A^e}(-, A)$ 作用于 Bardzell 极小投射分解, 得到

$$(\mathbb{P}_\bullet^*, d^\bullet): \quad 0 \longrightarrow P_0^* \xrightarrow{d^1} P_1^* \xrightarrow{d^2} P_2^* \longrightarrow 0$$

其中 $P_i^* = \mathrm{Hom}_{A^e}(P_i, A), i = 0, 1, 2$.

引理 4.4 $P_i^* \simeq k(B \| AP(i)), i = 0, 1, 2$, 其中 $AP(0) = Q_0, AP(1) = \tilde{Q}_1$, $AP(2) = R$.

证 显然, $P_i^* = \mathrm{Hom}_{A^e}(P_i, A) = \mathrm{Hom}_{A^e}(\coprod_{p \in AP(i)} A^e(s(p) \otimes_k t(p)), A) \simeq \coprod_{p \in AP(i)}(s(p) \otimes_k t(p))A \simeq \coprod_{p \in AP(i)}(s(p)At(p))$. 从而由定义可知 $(B \parallel AP(i))$ 作成了 P_i^* 的一组 k-基. □

由引理 4.4 得到了 A 的 Bardzell 上链复形:

$$0 \longrightarrow k(B \parallel Q_0) \xrightarrow{d^1} k(B \parallel \tilde{Q}_1) \xrightarrow{d^2} k(B \parallel R) \longrightarrow 0.$$

设 $b_{ij}^t = \mu'\nu \in B$ 表示从 i 到 j 且 $s(\nu) = t$ (或 $t(\mu') = t$) 的左正规的道路. 设 rankd^i 是微分 d^i 所对应的矩阵的秩. 为了方便计算 rank$d^i, i = 1, 2$, 需要分别给出 $(B \parallel Q_0), (B \parallel \tilde{Q}_1), (B \parallel R)$ 的一组定序基, 使得 d^1, d^2 在对应的定序基下所对应的矩阵有最简形式.

$(B \parallel Q_0) = \{(b_{ii}^t, e_i) | 1 \leqslant i \leqslant n\}$. 定义一个序: $(b_{ii}^s, e_i) \prec (b_{jj}^t, e_j)$ 如果 $i < j$, 或 $i = j$ 且 $s < t$, 则 $(B \parallel Q_0)$ 作成了 $k(B \parallel Q_0)$ 的一组定序基.

$(B \parallel \tilde{Q}_1) = \{(b_{i,i+1}^t, \alpha_i), (b_{i+1,i}^t, \alpha_i') | 1 \leqslant i \leqslant n-1\}$. 定义一个序: $(b_{i,i+1}^s, \alpha_i) \prec (b_{j,j+1}^t, \alpha_j)$ (特别地, $(b_{i+1,i}^s, \alpha_i') \prec (b_{j+1,j}^t, \alpha_j')$) 如果 $i < j$, 或 $i = j$ 且 $s < t$; $(b_{i,i+1}^s, \alpha_i) \prec (b_{j+1,j}^t, \alpha_j')$ 对任意的 s, t, i, j, 则 $(B \parallel \tilde{Q}_1)$ 作成了 $k(B \parallel \tilde{Q}_1)$ 的一组定序基.

$(B \parallel R) = \{(b_{ii}^t, \rho_i) | 1 \leqslant i \leqslant n-1\}$. 定义一个序: $(b_{ii}^s, \rho_i) \prec (b_{jj}^t, \rho_j)$ 如果 $i < j$ 且 $s \neq i, t \neq j$, 或 $i < j$ 且 $s = i, t = j$; $(b_{ii}^s, \rho_i) \prec (b_{jj}^t, \rho_j)$ 如果 $t = j$ 但 $s \neq i$, 或 $i = j$ 且 $i \neq s < t$, 则 $(B \parallel R)$ 作成了 $k(B \parallel R)$ 的一组定序基.

由此直接计算, 可得

$$|(B \parallel Q_0)| = \begin{cases} \dfrac{1}{2}n^2 + \dfrac{1}{2}n, & A = \mathcal{A}(Q_{A_n}), \\ \dfrac{1}{2}n^2 + \dfrac{1}{2}n - 1, & A = \mathcal{A}(Q_{D_n}), \\ \dfrac{1}{2}n^2 + \dfrac{1}{2}n - 2, & A = \mathcal{A}(Q_{E_n}), n = 6, 7, 8. \end{cases}$$

$$|(B \parallel \tilde{Q}_1)| = \begin{cases} n^2 - n, & A = \mathcal{A}(Q_{A_n}), \\ n^2 - n - 2, & A = \mathcal{A}(Q_{D_n}), \\ n^2 - n - 4, & A = \mathcal{A}(Q_{E_n}), n = 6, 7, 8. \end{cases}$$

$$|(B \parallel R)| = \begin{cases} \dfrac{1}{2}n^2 - \dfrac{1}{2}n, & A = \mathcal{A}(Q_{A_n}), \\ \dfrac{1}{2}n^2 - \dfrac{1}{2}n - 1, & A = \mathcal{A}(Q_{D_n}), \\ \dfrac{1}{2}n^2 - \dfrac{1}{2}n - 2, & A = \mathcal{A}(Q_{E_n}), n = 6, 7, 8. \end{cases}$$

对 A 的上链复形:

$$0 \longrightarrow k(B \parallel Q_0) \xrightarrow{d^1} k(B \parallel \tilde{Q}_1) \xrightarrow{d^2} k(B \parallel R) \longrightarrow 0,$$

4.3 Hochschild 上同调群

由 ϕ_i, $i = 0, 1, 2$ 的定义, 我们得到

$$d^1(b_{ii}^t, e_i) = (b_{i-1,i}^{t-1}, \alpha_{i-1}) - (b_{i,i+1}^t, \alpha_i) + (b_{i+1,i}^t, \alpha_i') - (b_{i,i-1}^{t-1}, \alpha_{i-1}');$$
$$d^2(b_{i,i+1}^t, \alpha_i) = d^2(b_{i+1,i}^t, \alpha_i') = (b_{ii}^{t-1}, \rho_i) - (b_{i+1,i+1}^t, \rho_{i+1}),$$

其中 $(b_{01}^t, \alpha_0) = (b_{10}^t, \alpha_0') = (b_{n,n+1}^t, \alpha_n) = (b_{n+1,n}^t, \alpha_n') = (b_{nn}^t, \rho_n) = 0.$

引理 4.5 $\mathrm{rank} d^1 = |(B \parallel R)|.$

证 我们分别对 $Q_{A_n}, Q_{D_n}, Q_{E_n}(n = 6, 7, 8)$ 进行讨论:

(1) 当 $A = \mathcal{A}(Q_{A_n})$ 时, d^1 关于上述定序基的矩阵有如下形式:

$$\begin{pmatrix} -C_1 \\ C_1 \end{pmatrix}_{n(n-1) \times \frac{n(n+1)}{2}},$$

其中

$$C_1 = \begin{pmatrix} E_1 & E_1' & & & & \\ & E_2 & E_2' & & & \\ & & \ddots & \ddots & & \\ & & & E_i & E_i' & \\ & & & & \ddots & \ddots \\ & & & & & E_{n-1} & E_{n-1}' \end{pmatrix}$$

为 $\frac{n(n-1)}{2} \times \frac{n(n+1)}{2}$ 矩阵, E_i 为 i 单位矩阵 (下同), $E_i' = (0, -E_i)$ 为 $i \times (i+1)$ 矩阵 (下同), $1 \leqslant i \leqslant n-1$. 从而 $\mathrm{rank} d^1 = \mathrm{rank} C_1 = \frac{n(n-1)}{2} = |(B \parallel R)|.$

(2) 当 $A = \mathcal{A}(Q_{D_n})$ 时, d^1 关于上述定序基的矩阵有如下形式:

$$\begin{pmatrix} -C_2 \\ C_2 \end{pmatrix}_{(n-2)(n+1) \times \frac{(n-1)(n+2)}{2}},$$

其中

$$C_2 = \begin{pmatrix} E_2 & M_2 & & & & \\ & E_3 & M_3 & & & \\ & & \ddots & \ddots & & \\ & & & E_i & M_i & \\ & & & & \ddots & \ddots \\ & & & & & E_{n-1} & M_{n-1} \end{pmatrix}$$

为 $\dfrac{(n-2)(n+1)}{2} \times \dfrac{(n-1)(n+2)}{2}$ 矩阵,

$$M_2 = \begin{pmatrix} 0 & 0 & -1 \\ 0 & 0 & -1 \end{pmatrix};$$

$M_i = \begin{pmatrix} M_2 & 0 \\ 0 & -E_{i-2} \end{pmatrix}$ 为 $i \times (i+1)$ 矩阵 (下同), $i \geqslant 3$. 从而 $\mathrm{rank}d^1 = \mathrm{rank}C_2 = \dfrac{(n-2)(n+1)}{2} = |(B \parallel R)|$.

(3) 当 $A = \mathcal{A}(Q_{E_n}), n = 6, 7, 8$ 时, d^1 关于上述定序基的矩阵有如下形式:

$$\begin{pmatrix} -C_n \\ C_n \end{pmatrix}_{(n^2-n-4) \times (\frac{1}{2}n^2 + \frac{1}{2}n - 2)},$$

其中

$$C_n = \begin{pmatrix} E_1 & 0 & 0 & F_1 & & & \\ & E_1 & N_1 & 0 & & & \\ & & E_2 & N_2 & & & \\ & & & E_4 & N_4 & & \\ & & & & \ddots & \ddots & \\ & & & & & E_{n-1} & N_{n-1} \end{pmatrix}$$

为 $\left(\dfrac{1}{2}n^2 - \dfrac{1}{2}n - 2\right) \times \left(\dfrac{1}{2}n^2 + \dfrac{1}{2}n - 2\right)$ 矩阵. 这里, $F_1 = (0 \ \ 0 \ \ 0 \ \ -1)$,

$$N_1 = (0 \ \ -E_1), \quad N_2 = (0 \ \ 0 \ \ -E_2),$$

$N_i = \begin{pmatrix} B_1 & 0 \\ N_2 & 0 \\ 0 & -E_{i-3} \end{pmatrix}$ 为 $i \times (i+1)$ 矩阵, $4 \leqslant i \leqslant n-1$. 从而

$$\mathrm{rank}d^1 = \mathrm{rank}C_n = \dfrac{1}{2}n^2 - \dfrac{1}{2}n - 2 = |(B \parallel R)|, \quad n = 6, 7, 8.$$

$\square$

引理 4.6 $\mathrm{rank}d^2 = |(B \parallel R)| - (n-1)$.

证 类似于引理 4.5, 我们也需分三种情况来证明:

(1) 当 $A = \mathcal{A}(Q_{A_n})$ 时, d^2 关于上述定序基的矩阵有如下形式:

$$\begin{pmatrix} -G_1 & -G_1 \\ 0 & 0 \end{pmatrix}_{\frac{n(n-1)}{2} \times n(n-1)},$$

其中

$$G_1 = \begin{pmatrix} E_1 & E_1' & & & & & \\ & E_2 & E_2' & & & & \\ & & \ddots & \ddots & & & \\ & & & E_i & E_i' & & \\ & & & & \ddots & \ddots & \\ & & & & & E_{n-2} & E_{n-2}' \end{pmatrix}$$

为 $\dfrac{(n-2)(n-1)}{2} \times \dfrac{n(n-1)}{2}$ 矩阵, $1 \leqslant i \leqslant n-2$. 从而

$$\mathrm{rank} d^2 = \mathrm{rank} G_1 = \frac{(n-2)(n-1)}{2} = |(B \parallel R)| - (n-1).$$

(2) 当 $A = \mathcal{A}(Q_{D_n})$ 时, d^2 关于上述定序基的矩阵有如下形式:

$$\begin{pmatrix} -G_2 & -G_2 \\ 0 & 0 \end{pmatrix}_{\frac{(n-2)(n+1)}{2} \times (n-2)(n+1)},$$

其中

$$G_2 = \begin{pmatrix} E_2 & M_2 & & & & & \\ & E_3 & M_3 & & & & \\ & & \ddots & \ddots & & & \\ & & & E_i & M_i & & \\ & & & & \ddots & \ddots & \\ & & & & & E_{n-2} & M_{n-2} \end{pmatrix}$$

为 $\dfrac{n(n-3)}{2} \times \dfrac{(n-2)(n+1)}{2}$ 矩阵, $2 \leqslant i \leqslant n-2$. 从而

$$\mathrm{rank} d^2 = \mathrm{rank} G_2 = \frac{n(n-3)}{2} = |(B \parallel R)| - (n-1).$$

(3) 当 $A = \mathcal{A}(Q_{E_n}), n = 6, 7, 8$ 时, d^2 关于上述定序基的矩阵经第 1, 2 列, 第 $\left(\dfrac{1}{2}n^2 - \dfrac{1}{2}n - 1\right)$ 列和第 $\left(\dfrac{1}{2}n^2 - \dfrac{1}{2}n\right)$ 列互换后有如下形式:

$$\begin{pmatrix} -G_n & -G_n \\ 0 & 0 \end{pmatrix}_{(\frac{1}{2}n^2 - \frac{1}{2}n - 2) \times (n^2 - n - 4)},$$

其中

$$G_n = \begin{pmatrix} E_1 & N_1' & & & \\ & E_3 & N_3' & & \\ & & E_4 & N_4' & \\ & & & \ddots & \ddots \\ & & & & E_{n-2} & N_{n-2}' \end{pmatrix}$$

为 $\left(\frac{1}{2}n^2 - \frac{3}{2}n - 1\right) \times \left(\frac{1}{2}n^2 - \frac{1}{2}n - 2\right)$ 矩阵. 这里,

$$N_1' = (0\ 0\ -1), \quad N_3' = \begin{pmatrix} 0 & 0 & 0 & -1 \\ 0 & 0 & -1 & 0 \\ 0 & 0 & 0 & -1 \end{pmatrix},$$

$N_i' = \begin{pmatrix} N_3 & 0 \\ 0 & -E_{i-3} \end{pmatrix}$ 为 $i \times (i+1)$ 矩阵, $4 \leqslant i \leqslant n-2$. 从而

$$\mathrm{rank} d^2 = \mathrm{rank} G_n = \frac{1}{2}n^2 - \frac{3}{2}n - 1 = |(B \parallel R)| - (n-1), \quad n = 6, 7, 8. \qquad \square$$

定理 4.1 设 $A = \mathcal{A}(Q)$ 是有限表示型遗传代数 $\Lambda = kQ$ 的投射模范畴 $\mathrm{proj}.\Lambda$ 上的根双模 $\mathrm{rad}(-,-)$ 所对应的拟遗传代数, 则

$$\dim \mathrm{HH}^i(A) = \begin{cases} n, & i = 0, \\ n-1, & i = 1, 2, \\ 0, & \text{其他}. \end{cases}$$

证 由

$$\mathrm{HH}^i(A) = \mathrm{Ker} d^{i+1}/\mathrm{Im} d^i \quad \text{及} \quad \dim \mathrm{Im} d^{i+1} + \dim \mathrm{Ker} d^{i+1} = \dim P_i^*$$

知

$$\begin{aligned}\dim \mathrm{HH}^i(A) &= \dim \mathrm{Ker} d^{i+1} - \dim \mathrm{Im} d^i \\ &= \dim P_i^* - \dim \mathrm{Im} d^{i+1} - \dim \mathrm{Im} d^i \\ &= \dim P_i^* - (\mathrm{rank} d^{i+1} + \mathrm{rank} d^i).\end{aligned}$$

当 $i = 0, 1, 2$ 时, 由引理 4.4~引理 4.6, 即得

$$\begin{aligned}\dim \mathrm{HH}^0(A) &= \dim \mathrm{Ker} d^1 = |(B \parallel Q_0)| - \dim \mathrm{Im} d^1 = n; \\ \dim \mathrm{HH}^1(A) &= |(B \parallel \tilde{Q}_1)| - (\mathrm{rank} d^2 + \mathrm{rank} d^1) = n-1; \\ \dim \mathrm{HH}^2(A) &= |(B \parallel R)| - \mathrm{rank} d^2 = n-1.\end{aligned}$$

4.3 Hochschild 上同调群

当 $i > 2$ 时, 由 gl.dim$A = 2$ 知, dimHH$^i(A) = 0$. □

注 回忆一下, Λ 是域 k 上的有限维结合代数 (含单位元 1), 如果 Λ 的任一 (单参数形式化的) 形变均同构于平凡的形变, 则称 Λ 是刚性的 (rigid). 我们知道, 若 HH$^2(\Lambda) = 0$, 则 Λ 是刚性的; 进一步地, 若有 HH$^3(\Lambda) = 0$, 则它的逆命题也成立, 即: 若 Λ 是刚性的且 HH$^3(\Lambda) = 0$, 则 HH$^2(\Lambda) = 0$. 由此, 立刻得到有限表示型遗传代数 $\Lambda = kQ$ 的投射模范畴 proj.Λ 上的根双模 rad$(-, -)$ 所对应的拟遗传代数 $A = \mathcal{A}(Q)$ 不是刚性的.

推论 代数 $A = \mathcal{A}(Q_i)$ 的中心 $Z(\mathcal{A}(Q_i)) = kB'_i$, 其中

$$B'_i = \begin{cases} \{w_t | t = 0, 1, 2, \cdots, n-1\}, & i = A_n, \\ \{w_t, b^1_{nn}, b^2_{nn} | t = 0, 1, 2, \cdots, n-3\}, & i = D_n, \\ \{w_t, b^1_{nn}, b^2_{nn}, b^2_{n-1,n-1} + b^3_{nn} | t = 0, 1, 2, \cdots, n-4\}, & i = E_n, n = 6, 7, 8, \end{cases}$$

w_t 表示 A 中所有起点和终点相同且长度为 $2t$ 的左正规的道路的和.

证 因为 w_t 表示 A 中所有起点和终点相同且长度为 $2t$ 的左正规的道路的和, 则它的每一个和项都是 A 的一组左正规基 B 中的基元素; 且对不同的 t 和 t', w_t 和 $w_{t'}$ 中的和项互不相交. 又 B'_i 中非 w_t 形式的元素的每一个和项也都是 B 中的基元素, 且与不同的 w_t 中的每一个和项也都互不相交. 从而对每个 $i = A_n, D_n, E_6, E_7, E_8$, 有 B'_i 中的元素线性无关. 又 dim$Z(\mathcal{A}(Q_i)) = $ dimHH$^0(A) = n$, 从而它们组成了 $Z(\mathcal{A}(Q_i))$ 的一组基. □

第5章 Temperley-Lieb 代数的 Hochschild 上同调

5.1 Temperley-Lieb 代数

设 k 是域, m 是一个整数. 任取 $\delta \in k$, k 上的 Temperley-Lieb 代数 $A_m(\delta)$ 是一个含 1 的, 由 $t_1, t_2, \cdots, t_{m-1}$ 所生成的结合代数并且满足以下关系:

$$t_i t_j t_i = t_i, \quad 若 |j-i| = 1;$$
$$t_i t_j = t_j t_i, \quad 若 |j-i| > 1;$$
$$t_i^2 = \delta t_i, \quad 对 1 \leqslant i \leqslant m-1.$$

文献 [138] 中证明了非半单 Temperley-Lieb 代数的一个块 (block) Morita 等价于一个商代数 $A = A_m = kQ/I$, 其箭图定义如下:

$$Q = \underset{1}{\bullet} \underset{\alpha_1}{\overset{\beta_1}{\rightleftarrows}} \underset{2}{\bullet} \underset{\alpha_2}{\overset{\beta_2}{\rightleftarrows}} \underset{3}{\bullet} \quad \cdots \quad \underset{m-1}{\bullet} \underset{\alpha_{m-1}}{\overset{\beta_{m-1}}{\rightleftarrows}} \underset{m}{\bullet}$$

其中关系 $I = \langle \alpha_{i+1}\alpha_i, \beta_i\beta_{i+1}, \beta_{i+1}\alpha_{i+1} - \alpha_i\beta_i, \alpha_{m-1}\beta_{m-1} \mid i = 1, 2, \cdots, m-2 \rangle$. 文献 [139] 也证明了表示有限型 q-Schur 代数 $S_q(n,r)$ $(n \geqslant r)$ 的非平凡块也 Morita 等价于一个形如 A_m 的代数.

我们知道, Hochschild 上同调是 Morita 等价下的不变量[82]. 要刻画 Temperley-Lieb 代数和表示有限型 q-Schur 代数 $S_q(n,r)$ $(n \geqslant r)$ 的 Hochschild 上同调性质, 只需要去处理上述代数 A 即可.

文献 [50] 中由一个 k-代数的同调满态射得到上同调群的长正合序列, 从而确定了代数 A 的 Hochschild 上同调群的 k-维数, 但未给出它的一组基. 本章首先给出代数 A 的一个极小投射双模分解, 进而用平行路的语言给出代数 A 的 Hochschild 上同调群的一组基. 最后将利用合成映射

$$\mathbb{P} \longrightarrow \mathbb{P} \otimes_A \mathbb{P} \longrightarrow A \otimes_A A \longrightarrow A$$

给出乘法映射 $\Delta : \mathbb{P} \longrightarrow \mathbb{P} \otimes_A \mathbb{P}$ 的显式表达, 并利用生成元和关系描述代数 A 的 Hochschild 上同调环 $\mathrm{HH}^*(A)$ 的 Cup 积, 从而确定其乘法结构.

5.2 极小投射分解

本章总假定 A 为上节中定义的商代数. 本节将利用 Green 等在文献 [75, 79] 中所用的方法来构造 A 的极小 A^e-投射分解.

设 $g_{0,i}^0 = e_i$, $i = 1, 2, \cdots, m$. 对 $1 \leqslant n \leqslant 2m - 2$, 递归地定义

$$g_{r,i}^n = g_{r,i}^{n-1}\beta_{i+n-2r-1} + (-1)^n g_{r-1,i}^{n-1}\alpha_{i+n-2r}. \tag{5.2.1}$$

又 $\mathrm{gl.dim}A = 2m - 2$, 所以当 $n > 2m - 2$ 时, 取 $g_{r,i}^n = 0$. 注意到 $g_{r,i}^n$ 是所有从 i 点出发恰好包含 r 个 α 型箭向的长度为 n 的路的代数和. 记 g^n 为所有 $g_{r,i}^n$ 作为元素构成的集合. 则有

$$g^0 = \{e_1, e_2, \cdots, e_m\},$$
$$g^1 = \{-\alpha_1, -\alpha_2, \cdots, -\alpha_{m-1}, \beta_1, \beta_2, \cdots, \beta_{m-1}\},$$
$$g^2 = \{\alpha_{i+1}\alpha_i, \beta_i\beta_{i+1}, \beta_{i+1}\alpha_{i+1} - \alpha_i\beta_i \mid 1 \leqslant i \leqslant m-2\} \cup \{\alpha_{m-1}\beta_{m-1}\}.$$

对 $3 \leqslant n \leqslant 2m - 2$, 当 $n = 2l$ 时,

$$g^n = \{g_{r,i}^n \mid 0 \leqslant r \leqslant l-1, r+1 \leqslant i \leqslant m-(n-2r)\} \cup \{g_{r,i}^n \mid l \leqslant r \leqslant n, r+1 \leqslant i \leqslant m\};$$

当 $n = 2l + 1$,

$$g^n = \{g_{r,i}^n \mid 0 \leqslant r \leqslant l, r+1 \leqslant i \leqslant m-(n-2r)\} \cup \{g_{r,i}^n \mid l+1 \leqslant r \leqslant n, r+1 \leqslant i \leqslant m\}.$$

特别地, 我们有

$$|g^n| = \begin{cases} (2l+1)m - 3l^2 - 2l, & n = 2l, \\ 2(l+1)m - 3l^2 - 5l - 2, & n = 2l+1. \end{cases}$$

为了定义微分映射 δ, 我们需要以下引理. 它给出了利用集合 g^{n-1} 中元素定义集合 g^n 的另一种方式. 下述引理可直接证明, 在这里不再赘述.

引理 5.1 设 $n \geqslant 1$, 则有

$$g_{r,i}^n = g_{r,i}^{n-1}\beta_{i+n-2r-1} + (-1)^n g_{r-1,i}^{n-1}\alpha_{i+n-2r} = (-1)^r \beta_i g_{r,i+1}^{n-1} + (-1)^r \alpha_{i-1} g_{r-1,i-1}^{n-1}.$$

记 $\otimes := \otimes_k$. 定义

$$P_n = \bigoplus_{g_{r,i}^n \in g^n} Ao(g_{r,i}^n) \otimes t(g_{r,i}^n)A.$$

当 $n \geqslant 1$ 时, $\delta_n : P_n \longrightarrow P_{n-1}$ 定义为

$$o(g_{r,i}^n) \otimes t(g_{r,i}^n) \mapsto ((-1)^n e_i \otimes \beta_{i+n-2r-1} + e_i \otimes \alpha_{i+n-2r})$$
$$+ ((-1)^r \beta_i \otimes e_{i+n-2r} + (-1)^r \alpha_{i-1} \otimes e_{i+n-2r}).$$

由引理 5.1 以及 [75, 定理 2.1], 立刻得到以下定理.

定理 5.1 符号如上定义, 复形

$$(\mathbb{P}, \delta): \quad 0 \longrightarrow P_{2m-2} \xrightarrow{\delta_{2m-2}} \cdots \xrightarrow{\delta_{n+2}} P_{n+1} \xrightarrow{\delta_{n+1}} P_n \xrightarrow{\delta_n} \cdots \xrightarrow{\delta_2} P_1 \xrightarrow{\delta_1} P_0 \xrightarrow{\delta_0} A \longrightarrow 0$$

是代数 A 的极小 A^e-投射分解, 其中 $\delta_0 : P_0 \longrightarrow A$ 是乘法映射.

证 设 $X = g^1$, $R = g^2$ 为 I 中生成元构成的集合. 因为 A 为 Koszul 代数, 从而由 [33, Sect.9] 知, 我们只需证明当 $n \geqslant 2$ 时, g^n 是 k-向量空间 $K_n := \bigcap_{p+q=n-2} X^p R X^q$ 的一组基.

首先归纳证明所有的 $g_{r,i}^n$ 属于 K_n. 当 $n = 2$ 时, 显然成立. 假设结论对 $n-1$ 成立, 下证结论对 n 也成立. 由归纳假设及公式 (5.2.1) 知, $g_{r,i}^n \in RX^{n-2} \cap K_{n-1}X$. 且归纳假设及引理 5.1 说明 $g_{r,i}^n \in X^{n-2}R \cap XK_{n-1}$. 由 $K_n = RX^{n-2} \cap X^{n-2}R \cap XK_{n-1} \cap K_{n-1}X$ 立即可得结论成立.

进一步地, 由于 g^n 具有不同的支撑, 从而它们是 k-线性无关的. 同时, A 的二次对偶 $A^! = kQ/I^\perp$ 同构于 A 的 Yoneda 代数 $E(A)$, 其中 $I^\perp$ 是 KQ 的由 $R^\perp = \{\beta_1\alpha_1, \beta_{i+1}\alpha_{i+1} + \alpha_i\beta_i \mid i = 1, 2, \cdots, m-2\}$ 生成的理想. 所以 A 的极小 A^e-投射分解的 Betti 数

$$\dim K_n = \begin{cases} (2l+1)m - 3l^2 - 2l, & n = 2l, \\ 2(l+1)m - 3l^2 - 5l - 2, & n = 2l+1. \end{cases}$$

因此, g^n 是 K_n 的一组 k-基. $\square$

5.3 Hochschild 上同调群

本节将利用 A 的极小 A^e-投射分解, 给出 A 的 Hochschild 上同调群的一组 k-基.

将 $\mathrm{Hom}_{A^e}(-, A)$ 作用于极小投射分解 $(\mathbb{P}, \delta)$, 我们得到复形

$$0 \longrightarrow \mathrm{Hom}_{A^e}(P_0, A) \xrightarrow{\delta_1^*} \mathrm{Hom}_{A^e}(P_1, A) \xrightarrow{\delta_2^*} \cdots \xrightarrow{\delta_{2m-2}^*} \mathrm{Hom}_{A^e}(P_{2m-2}, A) \longrightarrow 0.$$

设

$$B = \{e_1, e_2, \cdots, e_m, \beta_1, \beta_2, \cdots, \beta_{m-1}, \alpha_1, \alpha_2, \cdots, \alpha_{m-1}, \beta_1\alpha_1, \beta_2\alpha_2, \cdots, \beta_{m-1}\alpha_{m-1}\}$$

5.3 Hochschild 上同调群

是代数 A 的一组 k-基. 仍用 $k(B \parallel g^n)$ 表示以 $B \parallel g^n = \{(b, g_{r,i}^n) | o(b) = o(g_{r,i}^n), t(b) = t(g_{r,i}^n)\}$ 为基张成的 k-向量空间. 两条路 α 和 β 若满足 $o(\alpha) = o(\beta)$, $t(\alpha) = t(\beta)$, 则称 α 和 β 为平行路.

我们立刻得到以下引理, 详见 [43, 133].

引理 5.2 作为向量空间, $\mathrm{Hom}_{A^e}(P_n, A) \cong k(B \parallel g^n)$.

证 显然, 作为向量空间

$$\mathrm{Hom}_{A^e}(P_n, A) \cong \mathrm{Hom}_{A^e}\left(\bigoplus_{\gamma \in g^n}(o(\gamma) \otimes t(\gamma))A^e, A\right)$$

$$\cong \bigoplus_{\gamma \in g^n} Ao(\gamma) \otimes t(\gamma)$$

$$= \bigoplus_{\gamma \in g^n} o(\gamma)At(\gamma) \cong k(B \parallel g^n). \qquad \square$$

固定同构映射 $\phi : K(B \parallel g^n) \longrightarrow \mathrm{Hom}_{A^e}(P_n, A)$. 任取 $(b, \gamma) \in (B \parallel g^n)$, $\phi((b, \gamma)) = f_{(b,\gamma)} \in \mathrm{Hom}_{A^e}(P_n, A)$, 其中 A^e-同态映射 $f_{(b,\gamma)}$ 将 $o(\gamma) \otimes t(\gamma)$ 映到 b, 将其他映到 0. 则上述链复形转化为

$$0 \longrightarrow K(B \parallel g^0) \xrightarrow{\delta_1^*} K(B \parallel g^1) \xrightarrow{\delta_2^*} \cdots$$
$$\xrightarrow{\delta_{2m-3}^*} K(B \parallel g^{2m-3}) \xrightarrow{\delta_{2m-2}^*} K(B \parallel g^{2m-2}) \longrightarrow 0, \qquad (5.3.2)$$

其中诱导的线性映射我们仍用 δ_i^* 来表示.

引理 5.3 $\left\{\sum_{i=1}^{m}(e_i, e_i), (\beta_1\alpha_1, e_1), (\beta_2\alpha_2, e_2), \cdots, (\beta_{m-1}\alpha_{m-1}, e_{m-1})\right\}$ 构成了 $\mathrm{Ker}\delta_1^*$ 的一组 k-基, 从而 $\dim_k \mathrm{Im}\delta_1^* = m - 1$.

证 在基

$$B \parallel g^0 = \{(e_1, e_1), (e_2, e_2), \cdots, (e_m, e_m), (\beta_1\alpha_1, e_1),$$
$$(\beta_2\alpha_2, e_2), \cdots, (\beta_{m-1}\alpha_{m-1}, e_{m-1})\}$$

和

$$B \parallel g^1 = \{(\beta_1, \beta_1), (\beta_2, \beta_2), \cdots, (\beta_{m-1}, \beta_{m-1}), (\alpha_1, -\alpha_1),$$
$$(\alpha_2, -\alpha_2), \cdots, (\alpha_{m-1}, -\alpha_{m-1})\}$$

下, 线性映射 δ_1^* 对应的矩阵为

$$A_1 = \begin{pmatrix} -1 & 1 & & & & & & & & & \\ & -1 & 1 & & & & & & & & \\ & & -1 & \ddots & & & & & & & \\ & & & \ddots & 1 & & & & & & \\ & & & & -1 & 1 & & & & & \\ & & & & & -1 & 1 & 0 & \cdots & 0 \\ -1 & 1 & & & & & & & & & \\ & -1 & 1 & & & & & & & & \\ & & -1 & \ddots & & & & & & & \\ & & & \ddots & 1 & & & & & & \\ & & & & -1 & 1 & & & & & \\ & & & & & -1 & 1 & 0 & \cdots & 0 \end{pmatrix}_{(2m-2)\times(2m-1)},$$

其中右边 $m-1$ 列的元素都为零. 显然, $\mathrm{rank} A_1 = m-1$. 因此 $\dim_k \mathrm{Im} \delta_1^* = \mathrm{rank} A_1 = m-1$, 从而 $\dim_k \mathrm{Ker} \delta_1^* = |B \parallel g^0| - \mathrm{rank} A_1 = (m+m-1) - (m-1) = m$. 易证

$$\delta_1^*((\beta_1\alpha_1, e_1)) = 0; \quad \delta_1^*((\beta_2\alpha_2, e_2)) = 0; \quad \cdots;$$
$$\delta_1^*((\beta_{m-1}\alpha_{m-1}, e_{m-1})) = 0; \quad \delta_1^*\left(\sum_{i=1}^{m}(e_i, e_i)\right) = 0.$$

又 $\{\sum_{i=1}^{m}(e_i, e_i), (\beta_1\alpha_1, e_1), (\beta_2\alpha_2, e_2), \cdots, (\beta_{m-1}\alpha_{m-1}, e_{m-1})\}$ 是 k-线性无关的且含有 m 个元素, 从而构成 $\mathrm{Ker} \delta_1^*$ 的一组 k-基. $\square$

注意到, $\mathrm{HH}^n(A) = \mathrm{Ker} \delta_{n+1}^*/\mathrm{Im} \delta_n^*$. 接下来将分别找出当 $n > 0$ 时, 核空间 $\mathrm{Ker} \delta_{n+1}^*$ 和像空间 $\mathrm{Im} \delta_n^*$ 的一组 k-基. 分四种情况来讨论.

情形 I: $n = 4t$, $t \neq 0$. 设

$$U = \{(\beta_{2t+j}\alpha_{2t+j}, g_{2t, 2t+j}^n) \mid j = 1, 2, \cdots, m-2t-1\},$$
$$V = \{(\alpha_{2t+j}, g_{2t, 2t+1+j}^{n-1}) - (\beta_{2t+j}, g_{2t-1, 2t+j}^{n-1}) \mid j = 0, 1, \cdots, m-1-2t\}$$
$$\cup \left\{\sum_{i=2t+1}^{m}(-1)^i(\alpha_{i-1}, g_{2t, i}^{n-1})\right\}.$$

情形 II: $n = 4t+1$, $t \neq 0$. 设

$$U = \{(\alpha_{2t+j}, g_{2t+1, 2t+1+j}^n) + (\beta_{2t+j}, g_{2t, 2t+j}^n) \mid j = 1, 2, \cdots, m-1-2t\},$$
$$V = \{(\beta_{2t+j}\alpha_{2t+j}, g_{2t, 2t+j}^{n-1}) \mid j = 1, 2, \cdots, m-2t-1\} \cup \left\{\sum_{i=2t+1}^{m}(e_i, g_{2t, i}^{n-1})\right\}.$$

5.3 Hochschild 上同调群

情形 III: $n = 4t + 2$. 设

$$U = \{(\beta_{2t+j}\alpha_{2t+j}, g^n_{2t+1,2t+j}) \mid j = 2, 3, \cdots, m - 2t - 1\},$$
$$V = \{(\alpha_{2t+j}, g^{n-1}_{2t+1,2t+1+j}) + (\beta_{2t+j}, g^{n-1}_{2t,2t+j}) \mid j = 1, 2, \cdots, m - 1 - 2t\}$$
$$\cup \left\{ \sum_{i=2t+2}^{m} (\alpha_{i-1}, g^{n-1}_{2t+1,i}) \right\}.$$

情形 IV: $n = 4t + 3$. 设

$$U = \{(\alpha_{2t+j}, g^n_{2t+2,2t+1+j}) - (\beta_{2t+j}, g^n_{2t+1,2t+j}) \mid j = 2, 3, \cdots, m - 1 - 2t\},$$
$$V = \{(\beta_{2t+j}\alpha_{2t+j}, g^{n-1}_{2t+1,2t+j}) \mid j = 2, 3, \cdots, m - 1 - 2t\}$$
$$\cup \left\{ \sum_{i=2t+2}^{m} (-1)^i (e_i, g^{n-1}_{2t+1,i}) \right\}.$$

引理 5.4 U 和 V 分别构成了像空间 $\mathrm{Im}\delta^*_n$ 和核空间 $\mathrm{Ker}\delta^*_n$ 的一组 k-基.

证 这里仅证明情形 I, 其他三种情形类似可证. 在基

$$B \parallel g^{n-1} = \{(\alpha_{2t}, g^{n-1}_{2t,2t+1}), (\alpha_{2t+1}, g^{n-1}_{2t,2t+2}), \cdots, (\alpha_{m-1}, g^{n-1}_{2t,m}), (\beta_{2t}, g^{n-1}_{2t-1,2t}),$$
$$(\beta_{2t+1}, g^{n-1}_{2t-1,2t+1}), \cdots, (\beta_{m-1}, g^{n-1}_{2t-1,m-1})\}$$

和

$$B \parallel g^n = \{(e_{2t+1}, g^n_{2t,2t+1}), (e_{2t+2}, g^n_{2t,2t+2}), \cdots, (e_m, g^n_{2t,m}), (\beta_{2t+1}\alpha_{2t+1}, g^n_{2t,2t+1}),$$
$$(\beta_{2t+2}\alpha_{2t+2}, g^n_{2t,2t+2}), \cdots, (\beta_{m-1}\alpha_{m-1}, g^n_{2t,m-1})\}$$

下, 线性映射 δ^*_n 对应的矩阵为

$$A_n = \begin{pmatrix} 0 & & & & 0 & & & \\ \vdots & & & & \vdots & & & \\ 0 & & & & 0 & & & \\ 1 & 1 & & & 1 & 1 & & \\ & 1 & 1 & & & 1 & 1 & \\ & & \ddots & \ddots & & & \ddots & \ddots \\ & & & 1 & 1 & & & 1 & 1 \\ & & & & 1 & 1 & & & 1 & 1 \end{pmatrix}_{(2m-4t-1)\times(2m-4t)},$$

其中前 $m - 2t$ 行的元素都为零. 显然, $\mathrm{rank} A_n = m - 2t - 1$. 从而

$$\dim_k \mathrm{Im}\delta^*_n = \mathrm{rank} A_n = m - 2t - 1,$$
$$\dim_k \mathrm{Ker}\delta^*_n = |B \parallel g^n| - \dim_k \mathrm{Im}\delta^*_n = 2(m - 2t) - (m - 2t - 1) = m - 2t + 1.$$

注意到

$$(\beta_{2t+1}\alpha_{2t+1}, g^n_{2t,2t+1}) = \delta^*_n((\alpha_{2t}, g^{n-1}_{2t,2t+1}));$$
$$(\beta_{2t+2}\alpha_{2t+2}, g^n_{2t,2t+2}) = \delta^*_n((\alpha_{2t+1}, g^{n-1}_{2t,2t+2}) - (\alpha_{2t}, g^{n-1}_{2t,2t+1}));$$
$$(\beta_{2t+3}\alpha_{2t+3}, g^n_{2t,2t+3}) = \delta^*_n((\alpha_{2t+1}, g^{n-1}_{2t,2t+3}) - (\alpha_{2t+1}, g^{n-1}_{2t,2t+2}) + (\alpha_{2t}, g^{n-1}_{2t,2t+1}));$$
$$\cdots\cdots$$
$$(\beta_{m-1}\alpha_{m-1}, g^n_{2t,m-1}) = \delta^*_n((\alpha_{m-2}, g^{n-1}_{2t,m-1}) - (\alpha_{m-3}, g^{n-1}_{2t,m-2}) + \cdots$$
$$+ (-1)^{m-2t}(\alpha_{2t}, g^{n-1}_{2t,2t+1})).$$

又集合

$$\{(\beta_{2t+1}\alpha_{2t+1}, g^n_{2t,2t+1}), (\beta_{2t+2}\alpha_{2t+2}, g^n_{2t,2t+2}), \cdots, (\beta_{m-1}\alpha_{m-1}, g^n_{2t,m-1})\} \subset (B \parallel g^n)$$

是 k-线性无关的且含有 $m - 2t - 1$ 个元素, 因此构成 $\mathrm{Im}\delta^*_n$ 的一组 k-基.

显然,

$$\delta^*_n((\alpha_{2t}, g^{n-1}_{2t,2t+1}) - (\beta_{2t}, g^{n-1}_{2t-1,2t})) = 0;$$
$$\delta^*_n((\alpha_{2t+1}, g^{n-1}_{2t,2t+2}) - (\beta_{2t+1}, g^{n-1}_{2t-1,2t+1})) = 0;$$
$$\cdots\cdots$$
$$\delta^*_n((\alpha_{m-1}, g^{n-1}_{2t,m}) - (\beta_{m-1}, g^{n-1}_{2t-1,m-1})) = 0;$$
$$\delta^*_n\left(\sum_{i=2t+1}^{m}(-1)^i(\alpha_{i-1}, g^{n-1}_{2t,i})\right) = 0.$$

从而

$$\{(\alpha_{2t+j}, g^{n-1}_{2t,2t+1+j}) - (\beta_{2t+j}, g^{n-1}_{2t-1,2t+j}) \mid j = 0, 1, \cdots, m-1-2t\}$$
$$\cup \left\{\sum_{i=2t+1}^{m}(-1)^i(\alpha_{i-1}, g^{n-1}_{2t,i})\right\} \subseteq \mathrm{Ker}\delta^*_n$$

是 k-线性无关且含有 $m - 2t + 1$ 个元素, 因此构成 $\mathrm{Ker}\delta^*_n$ 的一组 k-基. □

接下来将给出 Hochschild 上同调空间 $\mathrm{HH}^n(A)$ 的一组 k-基.

定理 5.2 设 $A = kQ/I$ 定义如上, 则

$$(1)\ \dim_k \mathrm{HH}^i(A) = \begin{cases} m, & i = 0, \\ 1, & 1 \leqslant i \leqslant 2m-2, \\ 0, & i > 2m-2. \end{cases}$$

(2) $HH^0(A)$具有基 $\sum_{i=1}^{m}(e_i, e_i), (\beta_1\alpha_1, e_1), (\beta_2\alpha_2, e_2), \cdots, (\beta_{m-1}\alpha_{m-1}, e_{m-1})$, 且

$$HH^{4t}(A)\text{具有基} \sum_{i=2t+1}^{m}(e_i, g_{2t,i}^{4t}), \quad \text{当 } t \neq 0 \text{ 时};$$

$$HH^{4t+1}(A)\text{具有基} \sum_{i=2t+2}^{m}(\alpha_{i-1}, g_{2t+1,i}^{4t+1});$$

$$HH^{4t+2}(A)\text{具有基} \sum_{i=2t+2}^{m}(-1)^i(e_i, g_{2t+1,i}^{4t+2});$$

$$HH^{4t+3}(A)\text{具有基} \sum_{i=2t+3}^{m}(-1)^i(\alpha_{i-1}, g_{2t+2,i}^{4t+3}),$$

其中这些基元素表示的是与 $HH^n(A)$ 中基元素对应的元素.

证 由引理 5.3 和引理 5.4 以及 $HH^i(A) = \text{Ker}\delta_{i+1}^*/\text{Im}\delta_i^*$ 直接可得. □

注 De la Peña 和 Xi 在文献 [50] 中用不同的方法得到了 Hochschild 上同调空间 $HH^n(A)$ 的维数.

5.4 Cup 积

本节将利用平行路的语言给出代数 A 的 Hochschild 上同调环乘法结构的一种组合描述. 文献 [125] 证明了, 对有限维代数 A 的任一 A^e-投射分解 $\mathbb{P}$, 恒等映射都可唯一地 (在同伦意义下) 提升为链映射 $\Delta: \mathbb{P} \longrightarrow \mathbb{P} \otimes_A \mathbb{P}$. 利用特射分解 $\mathbb{P}$ 以及合成序列

$$\mathbb{P} \xrightarrow{\Delta} \mathbb{P} \otimes_A \mathbb{P} \xrightarrow{\eta \otimes \theta} A \otimes_A A \xrightarrow{\nu} A$$

可以给出 $HH^n(A)$ 中任意两个元素 η 和 θ 的 Cup 积. 它与 A 的投射分解 $\mathbb{P}$ 以及链映射 Δ 的选取无关.

下面的引理给出了投射分解 $(\mathbb{P}, \delta)$ 中各项 P_n 的生成元的所谓"乘法结构"的一种显式表达, 这是定义链映射 Δ 的关键.

引理 5.5 对任意给定 $p = 0, 1, \cdots, n$,

$$g_{r,i}^n = \sum_{s=0}^{r}(-1)^{(r-s)(n+1-p+r-s)}g_{s,i}^{n-p}g_{r-s,i+n-p-2s}^{p}.$$

证 对 p 进行归纳. 当 $p = 0$ 时, 显然成立. 若 $p = 1$, 则

$$g_{r,i}^n = g_{r,i}^{n-1}\beta_{i+n-2r-1} + (-1)^n g_{r-1,i}^{n-1}\alpha_{i+n-2r},$$

这即为 $g_{r,i}^n$ 的定义.

假设结论对 $p=l$ 成立. 下面考虑 $p=l+1$ 的情形. 根据归纳假设以及公式 (5.2.1), 我们有

$$\begin{aligned} g_{r,i}^n &= \sum_{s=0}^{r}(-1)^{(r-s)(n+1-l+r-s)}g_{s,i}^{n-l}g_{r-s,i+n-l-2s}^{l} \\ &= \sum_{s=0}^{r}(-1)^{(r-s)(n+1-l+r-s)}\left[g_{s,i}^{n-l-1}\beta_{i+n-l-2s-1}+(-1)^{n-l}g_{s-1,i}^{n-l-1}\alpha_{i+n-l-2s}\right] \\ &\quad \cdot g_{r-s,i+n-l-2s}^{l} \\ &= \sum_{s=0}^{r}(-1)^{(r-s)(n+1-l+r-s)}g_{s,i}^{n-l-1}\beta_{i+n-l-2s-1}g_{r-s,i+n-l-2s}^{l} \\ &\quad + \sum_{s=1}^{r}(-1)^{(r-s)(n+1-l+r-s)}(-1)^{n-l}g_{s-1,i}^{n-l-1}\alpha_{i+n-l-2s}g_{r-s,i+n-l-2s}^{l} \\ &= \sum_{s=0}^{r}(-1)^{(r-s)(n-l+r-s)}g_{s,i}^{n-l-1}g_{r-s,i+n-l-2s-1}^{l+1}. \end{aligned}$$

结论得证. □

根据以上引理, 我们可以定义链映射 $\Delta : \mathbb{P} \longrightarrow \mathbb{P} \otimes_A \mathbb{P}$. 首先回顾一下 $(\mathbb{P}, \delta)$ 的张量积链复形 $(\mathbb{P} \otimes_A \mathbb{P}, D)$, 其中 $(\mathbb{P} \otimes_A \mathbb{P})_n = \bigoplus_{i+j=n} P_i \otimes_A P_j$, 微分映射 $D_n : (\mathbb{P} \otimes_A \mathbb{P})_n \longrightarrow (\mathbb{P} \otimes_A \mathbb{P})_{n-1}$ 定义为 $D_n = \sum_{i=0}^{n-1}(\delta_{i+1} \otimes 1 + (-1)^i 1 \otimes \delta_{n-i})$.

在不引起混淆的情况下, 我们用 $o(g_{r,i}^n)$ (或 $t(g_{r,i}^n)$) 表示对应的幂等元 $e_{o(g_{r,i}^n)}$ (或 $e_{t(g_{r,i}^n)}$), 用 $\varepsilon_{r,i}^n$ 表示 P_n 中的生成元 $o(g_{r,i}^n) \otimes t(g_{r,i}^n)$.

定义 5.1 A-A-双模映射 $\Delta = (\Delta_n) : \mathbb{P} \longrightarrow \mathbb{P} \otimes_A \mathbb{P}$ 定义为

$$\Delta_n(\varepsilon_{r,i}^n) = \sum_{p=0}^{n}\sum_{s=0}^{r}(-1)^{(r-s)(n+1-p+r-s)}\varepsilon_{s,i}^{n-p} \otimes_A \varepsilon_{r-s,i+n-p-2s}^{p},$$

当 $0 \leqslant n \leqslant 2m-2$ 时; 其他情形, Δ_n 定义为零映射.

引理 5.6 如上定义的映射 $\Delta : (\mathbb{P}, \delta) \longrightarrow (\mathbb{P} \otimes_A \mathbb{P}, D)$ 是一个链映射.

证 只需证明对 $n \geqslant 1$, 如下图:

$$\begin{array}{ccc} P_n & \xrightarrow{\delta_n} & P_{n-1} \\ \Delta_n \downarrow & & \downarrow \Delta_{n-1} \\ (P \otimes_A P)_n & \xrightarrow{D_n} & (P \otimes_A P)_{n-1} \end{array}$$

都满足交换即可.

设 $(\Delta_{n-1} \circ \delta_n(\varepsilon_{r,i}^n))_{(t,n-1-t)}$ 为 $P_t \otimes_A P_{n-1-t}$ 中元素. 由 Δ 的定义及 $\delta_n(\varepsilon_{r,i}^n) = (-1)^n e_i \otimes \beta_{i+n-2r-1} + e_i \otimes \alpha_{i+n-2r} + (-1)^r \beta_i \otimes e_{i+n-2r} + (-1)^r \alpha_{i-1} \otimes e_{i+n-2r}$, 我

5.4 Cup 积

们有

$$(\Delta_{n-1} \circ \delta_n(\varepsilon_{r,i}^n))_{(t,n-1-t)}$$
$$= (-1)^n \sum_{s=0}^{r} (-1)^{(r-s)(t+1+r-s)} \varepsilon_{s,i}^t \otimes_A \varepsilon_{r-s,i+t-2s}^{n-1-t} \beta_{i+n-2r-1}$$
$$+ \sum_{s=0}^{r} (-1)^{(r-s-1)(t+r-s)} \varepsilon_{s,i}^t \otimes_A \varepsilon_{r-1-s,i+t-2s}^{n-1-t} \alpha_{i+n-2r}$$
$$+ (-1)^r \sum_{s=0}^{r} (-1)^{(r-s)(t+1+r-s)} \beta_i \varepsilon_{s,i+1}^t \otimes_A \varepsilon_{r-s,i+1+t-2s}^{n-1-t}$$
$$+ (-1)^r \sum_{s=0}^{r} (-1)^{(r-s-1)(t+r-s)} \alpha_{i-1} \varepsilon_{s,i-1}^t \otimes_A \varepsilon_{r-s-1,i-1+t-2s}^{n-1-t}.$$

另一方面, 注意到

$$(\Delta_n(\varepsilon_{r,i}^n))_{(t,n-t)} = \sum_{s=0}^{r} (-1)^{(r-s)(t+1+r-s)} \varepsilon_{s,i}^t \otimes_A \varepsilon_{r-s,i+t-2s}^{n-t},$$
$$(\Delta_n(\varepsilon_{r,i}^n))_{(t+1,n-1-t)} = \sum_{s=0}^{r} (-1)^{(r-s)(t+2+r-s)} \varepsilon_{s,i}^{t+1} \otimes_A \varepsilon_{r-s,i+t-2s+1}^{n-t-1},$$

容易验证

$$[(-1)^t \otimes_A \delta_{n-t}]((\Delta_n(\varepsilon_{r,i}^n))_{(t,n-t)}) + (\delta_{t+1} \otimes_A 1)((\Delta_n(\varepsilon_{r,i}^n))_{(t+1,n-1-t)})$$
$$= (\Delta_{n-1} \circ \delta_n(\varepsilon_{r,i}^n))_{(t,n-1-t)},$$

从而 $\Delta_{n-1}\delta_n = D_n \Delta_n$. □

为了给出代数 A 的 Hochschild 上同调环的显式表达, 首先给出其 Cup 积的刻画, 它们本质上即为平行路符号上的并置.

引理 5.7 设 $A = kQ/I$ 定义如上, 则

$$(b_1, g_{r_1,i}^{n_1}) \smile (b_2, g_{r_2,j}^{n_2}) = \begin{cases} (-1)^{r_2(n_1+1+r_2)} (b_1 b_2, g_{r_1+r_2,i}^{n_1+n_2}), & j = i+n_1-2r_1, \\ 0, & \text{其他}, \end{cases}$$

其中当 $b_1 b_2 \in I$ 时, $(b_1 b_2, g_{r_1+r_2,i}^{n_1+n_2})$ 视为零.

证 设 $\eta_{n_1} = (b_1, g_{r_1,i}^{n_1})$, $\eta_{n_2} = (b_2, g_{r_2,j}^{n_2})$. 由

$$\mathbb{P} \xrightarrow{\Delta} \mathbb{P} \otimes_A \mathbb{P} \xrightarrow{\eta \otimes \theta} A \otimes_A A \xrightarrow{\nu} A$$

得

$$\eta_{n_1} \smile \eta_{n_2}(\varepsilon_{r,k}^{n_1+n_2})$$
$$= \nu(\eta_{n_1} \otimes \eta_{n_2}) \Delta_{n_1+n_2}(\varepsilon_{r,k}^{n_1+n_2})$$
$$= \nu(\eta_{n_1} \otimes \eta_{n_2}) \sum_{p=0}^{n_1+n_2} \sum_{s=0}^{r} (-1)^{(r-s)(n_1+n_2+1-p+r-s)} \varepsilon_{s,k}^{n_1+n_2-p}$$
$$\otimes_A \varepsilon_{r-s,k+n_1-n_2-p-2s}^{p}$$
$$= \sum_{s=0}^{r} (-1)^{(r-s)(n_1+1+r-s)} \eta_{n_1}(\varepsilon_{s,k}^{n_1}) \cdot \eta_{n_2}(\varepsilon_{r-s,k+n_1-2s}^{n_2}).$$

当 $s \neq r_1$ 或 $i \neq k$ 时, $\eta_{n_1}(\varepsilon_{s,k}^{n_1}) = 0$. 当 $r-s \neq r_2$ 或 $j \neq k+n_1-2r_1$ 时, $\eta_{n_2}(\varepsilon_{r-s,k+n_1-2s}^{n_2}) = 0$. 因此, 只有当 $s = r_1, i = k, r-s = r_2$ 和 $j = i+n_1-2r_1$ 时, $\eta_{n_1} \smile \eta_{n_2}(\varepsilon_{r,k}^{n_1+n_2}) = (-1)^{r_2(n_1+1+r_2)} b_1 b_2$. 由引理 5.2 中的同构, 易得当 $j = i+n_1-2r_1$ 时, $\eta_{n_1} \smile \eta_{n_2} = (-1)^{r_2(n_1+1+r_2)}(b_1 b_2, g_{r_1+r_2,i}^{n_1+n_2})$, 其他情形时为零. □

定理 5.3 设 $A = kQ/I$ 定义如上, 则

(1) $\sum_{i=1}^{m}(e_i, e_i)$ 是 $\mathrm{HH}^*(A)$ 的单位元, 且对任意 $\eta_j = (\beta_j \alpha_j, e_j) \in \mathrm{HH}^0(A)$, $\xi \in \mathrm{HH}^*(A), \xi \notin k$, 有 $\eta_j \smile \xi = \xi \smile \eta_j = 0$.

(2) 设 η_{n_1} 和 η_{n_2} 分别是 $\mathrm{HH}^{n_1}(A)$ 和 $\mathrm{HH}^{n_2}(A)$ 中唯一的基元素, 其中 $n_1 n_2 > 0$, 则

$$\eta_{n_1} \smile \eta_{n_2} = \begin{cases} \eta_{n_1+n_2}, & n_1 n_2 = 2l \text{ 且 } n_1+n_2 \leqslant 2m-2, \\ 0, & n_1 n_2 = 2l+1 \text{ 或 } n_1+n_2 > 2m-2. \end{cases}$$

证 直接由引理 5.7 即得. □

接下来将利用生成元和关系给出代数 A 的 Hochschild 上同调环的实现. 设 $x_1, x_2, \cdots, x_{m-1}, y, z$ 是次数分别为 $0, 0, \cdots, 0, 1, 2$ 的未定元. 设

$$\Lambda = k[x_1, x_2, \cdots, x_{m-1}, y, z]/J,$$

其中 J 为多项式代数 $k[x_1, x_2, \cdots, x_{m-1}, y, z]$ 的理想, 其生成元为

$$x_i x_j = 0, \ x_i y = 0, \ x_i z = 0, \ 1 \leqslant i, j \leqslant m-1; \ y^2 = 0; \ z^m = 0; \ y z^{m-1} = 0.$$

定理 5.4 设 $A = kQ/I$ 定义如上, 则 $\mathrm{HH}^*(A) \cong \Lambda$.

证 为简便起见, 省略 $\mathrm{HH}^*(A)$ 中两元素相乘时的 Cup 积符号 $\smile$. 显然, $\sum_{i=1}^{m}(e_i, e_i)$ 是 $\mathrm{HH}^*(A)$ 的单位元. 记

$$x_1 = (\beta_1 \alpha_1, e_1), x_2 = (\beta_2 \alpha_2, e_2), \cdots, x_{m-1} = (\beta_{m-1} \alpha_{m-1}, e_{m-1}),$$

5.4 Cup 积

$$y = \sum_{i=2}^{m}(\alpha_{i-1}, g_{1,i}^1), \quad z = \sum_{i=2}^{m}(-1)^i(e_i, g_{1,i}^2),$$

则由定理 5.3 有

$$\sum_{i=2t+1}^{m}(e_i, g_{2t,i}^{4t}) = z^{2t}, t \neq 0; \qquad \sum_{i=2t+2}^{m}(\alpha_{i-1}, g_{2t+1,i}^{4t+1}) = z^{2t}y;$$

$$\sum_{i=2t+2}^{m}(-1)^i(e_i, g_{2t+1,i}^{4t+2}) = z^{2t+1}; \qquad \sum_{i=2t+3}^{m}(-1)^i(\alpha_{i-1}, g_{2t+2,i}^{4t+3}) = z^{2t+1}y.$$

因此 $\mathrm{HH}^*(A)$ 可由 $x_1, x_2, \cdots, x_{m-1}, y, z$ 在 k 上张成. 再次由定理 5.3 知, $\mathrm{HH}^*(A)$ 中任意两个元素相乘都可交换且满足以下关系:

$$x_i x_j = 0, \ x_i y = 0, \ x_i z = 0, \ 1 \leqslant i, j \leqslant m-1; \ y^2 = 0; \ z^m = 0; \ yz^{m-1} = 0.$$

从而构造代数满同态

$$\varphi: K[x_1, x_2, \cdots, x_{m-1}, y, z] \longrightarrow \mathrm{HH}^*(A).$$

它将 $x_1, x_2, \cdots, x_{m-1}, y, z$ 分别映到 $x_1, x_2, \cdots, x_{m-1}, y, z$. 由上述关系, 显然 $J \subseteq \mathrm{Ker}\varphi$. 又作为分次代数 $\Lambda = k[x_1, x_2, \cdots, x_{m-1}, y, z]/J = \oplus_i \Lambda_i$ 且满足 $\dim_k \Lambda_0 = m$, $\dim_k \Lambda_j = 1$, 对 $j \geqslant 1$. 比较两个分次代数的维数, 我们立即可得 $\mathrm{HH}^*(A) \cong \Lambda$. □

注 由于代数的 Hochschild 上同调是 Morita 等价不变量, 因此上述定理也刻画了 Temperley-Lieb 代数和表示有限 q-Schur 代数 $S_q(n, r)$ ($n \geqslant r$) 的 Hochschild 上同调环的乘法结构.

第6章 二次三角零关系代数的 Hochschild 上同调

6.1 二次三角零关系代数

设 $Q = (Q_0, Q_1, s, t)$ 是一个有限连通图. 考虑商代数 kQ/I, 其中 I 为路代数 kQ 的一个允许理想[23]. 若 Q 不含定向圈, 则称 $\Lambda = kQ/I$ 为三角代数. 若 I 由 Q 中的一些路生成, 则 Λ 称为零关系代数. 进一步地, 若 I 的生成元都是长度为 2 的路的线性组合, 则称 Λ 是二次的. 代数 $\Lambda = kQ/I$ 称为串代数[34], 若 Λ 满足以下条件: ① 它是零关系代数; ② Q 的每个顶点至多是两个箭向的起点或终点; ③ 对于每个箭向 $\alpha \in Q$, 至多有一个箭向 β, 使得 $\alpha\beta \notin I$, 以及一个箭向 γ, 使得 $\gamma\alpha \notin I$. 一个串代数 $\Lambda = kQ/I$ 若是二次的且对任意箭向 $\alpha \in Q$, 至多存在一个箭向 β 和一个箭向 γ 使得 $\alpha\beta \in I$, $\gamma\alpha \in I$, 则称它为 gentle 代数[10].

$\mathrm{HH}^*(\Lambda) = \bigoplus_{n=0}^{\infty} \mathrm{HH}^n(\Lambda)$ 在 Cup 积和 Gerstenhaber 括号积下分别作成了分次交换代数和分次李代数. 而在这两种结构下, $\mathrm{HH}^*(\Lambda)$ 作成了一个 Gerstenhaber 代数. Gerstenhaber 代数实质上是一个具有两种乘法结构的分次 k-向量空间, 一种乘法使得它成为一个分次交换代数, 另一种乘法记为 $[-,-]$, 次数为 -1, 使得它成为一个分次李代数, 且这两种乘法满足 $[x, yz] = [x, y]z + (-1)^{(|x|-1)|y|}y[x, z]$, 即它是 Poisson 代数的一个分次版本.

本章通过将标准 bar 分解得到的 Gerstenhaber 括号积转化为由极小投射分解得到的极小括号积, 利用平行路的语言给出二次三角零关系代数 Gerstenhaber 括号积的显式表达. 进一步地, 应用所得结果, 给出 Fibonacci 代数的 Hochschild 上同调李代数结构的更为精细的刻画. Fibonacci 代数是一类特殊的二次零关系代数. 作为一类具有有限整体维数的非拟遗传代数, Fibonacci 代数与 Fibonacci 数列有着密切的关系, 它最早出现在文献 [52] 中. 整体维数为 d 的 Fibonacci 代数的 k-维数恰好是 Fibonacci 数列中第 $(d+3)$ 项对应的数. 文献 [62] 证明了 Fibonacci 代数的 Hochschild 上同调作为分次交换环其乘法结构是平凡的. 然而, 我们将给出一个例子, 说明其李代数结构并不平凡.

6.2 投射分解和比较映射

投射分解　代数的标准 bar 分解[87] 是计算 Hochschild 上同调群常用的双模投射分解, 用 $\mathbb{S}$ 来表示, 定义为

$$\mathbb{S} := \quad \cdots \longrightarrow \Lambda_k^{\otimes n} \xrightarrow{b} \Lambda_k^{\otimes n-1} \xrightarrow{b} \cdots \xrightarrow{b} \Lambda_k^{\otimes 3} \xrightarrow{b} \Lambda \otimes_k \Lambda \xrightarrow{\epsilon} \Lambda \longrightarrow 0,$$

其中 ϵ 是乘法映射, Λ^e-微分映射定义为

$$b(x_1 \otimes_k \cdots \otimes_k x_n) = \sum_{i=1}^{n-1}(-1)^{i+1} x_1 \otimes_k \cdots \otimes_k x_i x_{i+1} \otimes_k \cdots \otimes_k x_n.$$

文献 [42] 中给出了代数的一个新的双模投射分解, 它比标准 bar 分解要小, 称为约化 bar 分解, 用 $\mathbb{R}$ 来表示, 定义为

$$\mathbb{R} := \quad \cdots \longrightarrow \Lambda \otimes r^{\otimes n} \otimes \Lambda \xrightarrow{\delta} \Lambda \otimes r^{\otimes n-1} \otimes \Lambda \xrightarrow{\delta} \cdots$$
$$\xrightarrow{\delta} \Lambda \otimes r \otimes \Lambda \xrightarrow{\delta} \Lambda \otimes \Lambda \xrightarrow{\epsilon} \Lambda \longrightarrow 0,$$

其中 r 为代数 Λ 的 Jacobson 根, 它满足 $\Lambda = E \oplus r$ 以及 $E \cong \Lambda/r \cong k \times k \times \cdots \times k$. 这里张量在 E 上进行. 为了简便, 除特殊说明, 本章用 $\otimes$ 代替 $\otimes_E$. 微分映射定义为

$$\delta(1 \otimes r_1 \otimes \cdots \otimes r_n \otimes 1) = r_1 \otimes r_2 \otimes \cdots \otimes r_n \otimes 1$$
$$+ \sum_{i=1}^{n-1}(-1)^i 1 \otimes r_1 \otimes \cdots \otimes r_i r_{i+1} \otimes \cdots \otimes r_n \otimes 1$$
$$+ (-1)^n 1 \otimes r_1 \otimes r_2 \otimes \cdots \otimes r_n.$$

接下来, 本章中所有代数指的都是二次零关系代数, 所有的模都是右模, 所有路或映射的合成都是从左往右. 在自然满同态 $kQ \longrightarrow \Lambda$ 下, kQ 中元素的像我们仍用 kQ 中元素的符号表示, 而不加区分.

相比约化 bar 分解, Bardzell 在文献 [15] 中给出了代数 Λ 的极小双模投射分解 $\mathbb{P}$. 设 $\Gamma_0 = Q_0$, $\Gamma_1 = Q_1$. 对任意 $n \geqslant 2$, 定义 $\Gamma_n = \{\alpha_1 \alpha_2 \cdots \alpha_n \mid \alpha_i \alpha_{i+1} \in I, 1 \leqslant i \leqslant n-1\}$. 当 $n \geqslant 0$ 时, 设 $k\Gamma_n$ 是由 Γ_n 生成的 E-E-双模. Λ 的极小 Λ^e-投射分解定义为

$$\mathbb{P} := \quad \cdots \longrightarrow \Lambda \otimes k\Gamma_n \otimes \Lambda \xrightarrow{d} \Lambda \otimes k\Gamma_{n-1} \otimes \Lambda \xrightarrow{d} \cdots$$
$$\xrightarrow{d} \Lambda \otimes k\Gamma_1 \otimes \Lambda \xrightarrow{d} \Lambda \otimes k\Gamma_0 \otimes \Lambda \xrightarrow{\epsilon} \Lambda \longrightarrow 0,$$

其中 ϵ 为同构映射 $\Lambda \otimes k\Gamma_0 \otimes \Lambda \simeq \Lambda \otimes \Lambda$ 和 Λ 的乘法映射的合成映射. 对任意的 $1 \otimes \alpha_1 \cdots \alpha_n \otimes 1 \in \Lambda \otimes k\Gamma_n \otimes \Lambda$, 微分映射定义为

$$d(1 \otimes \alpha_1 \cdots \alpha_n \otimes 1) = \alpha_1 \otimes \alpha_2 \cdots \alpha_n \otimes 1 + (-1)^n 1 \otimes \alpha_1 \alpha_2 \cdots \alpha_{n-1} \otimes \alpha_n.$$

比较映射 代数 Λ 的两个投射分解之间的比较映射实质上是由 Λ 上的恒等映射诱导的两个投射链复形之间的同态映射. 这样的态射诱导了导出复形 $\mathrm{Hom}_{\Lambda^e}(*, \Lambda)$ 之间的一个拟同构. Bustamante 在文献 [32] 中构造了二次零关系代数的极小投射分解 $\mathbb{P}$ 和约化 bar 分解 $\mathbb{R}$ 之间的一个比较映射 $\mu = (\mu_n)_{n \geqslant 0}$:

$$\mu_n : \Lambda \otimes k\Gamma_n \otimes \Lambda \longrightarrow \Lambda \otimes r^{\otimes n} \otimes \Lambda, \quad \mu_n(1 \otimes \alpha_1 \cdots \alpha_n \otimes 1) = 1 \otimes \alpha_1 \otimes \cdots \otimes \alpha_n \otimes 1.$$

另一方面由于张量积是在 E 上进行, 所以 Λ-Λ-双模 $\Lambda \otimes r^{\otimes n} \otimes \Lambda$ 由所有形如 $1 \otimes p_1 \otimes \cdots \otimes p_n \otimes 1$ 的元素生成, 其中 p_i 是 Q 中满足 $t(p_i) = s(p_{i+1})$ $(1 \leqslant i < n)$ 的路, 且 $1 \otimes p_1 \otimes \cdots \otimes p_n \otimes 1$ 总是可以记作 $1 \otimes p_1' \alpha_1 \otimes p_2 \otimes \cdots \otimes \alpha_n p_n' \otimes 1$, $\alpha_1, \alpha_n \in Q_1$. 链映射 $\omega = (\omega_n)_{n \geqslant 0} : \mathbb{R} \longrightarrow \mathbb{P}$ 定义为

$$\omega_n(1 \otimes p_1' \alpha_1 \otimes p_2 \otimes \cdots \otimes \alpha_n p_n' \otimes 1)$$
$$= \begin{cases} p_1' \otimes \alpha_1 p_2 \cdots \alpha_n \otimes p_n', & \alpha_1 p_2 \cdots p_{n-1} \alpha_n \in \Gamma_n, \\ 0, & 其他. \end{cases}$$

显然, $\mu_n \omega_n = \mathrm{Id}_{\Lambda \otimes k\Gamma_n \otimes \Lambda}$.

将 $\mathrm{Hom}_{\Lambda^e}(-, \Lambda)$ 函子作用于极小投射分解 $\mathbb{P}$, 我们得到极小复形 $C^*(\mathbb{P})$, 微分映射记为 d^*. 比较映射 ω 和 μ 诱导了约化复形 $C^*(\mathbb{R})$ 和极小复形 $C^*(\mathbb{P})$ 之间的拟同构, 分别记为 $\mu^\bullet = (\mu^n)_{n \geqslant 0}$ 和 $\omega^\bullet = (\omega^n)_{n \geqslant 0}$. 对任意 $f \in \mathrm{Hom}_{\Lambda^e}(\Lambda \otimes r^{\otimes n} \otimes \Lambda, \Lambda)$ 和 $g \in \mathrm{Hom}_{\Lambda^e}(\Lambda \otimes k\Gamma_n \otimes \Lambda, \Lambda)$,

$$\mu^n : \mathrm{Hom}_{\Lambda^e}(\Lambda \otimes r^{\otimes n} \otimes \Lambda, \Lambda) \longrightarrow \mathrm{Hom}_{\Lambda^e}(\Lambda \otimes k\Gamma_n \otimes \Lambda, \Lambda), \quad \mu^n(f) = \mu_n f,$$
$$\omega^n : \mathrm{Hom}_{\Lambda^e}(\Lambda \otimes k\Gamma_n \otimes \Lambda, \Lambda) \longrightarrow \mathrm{Hom}_{\Lambda^e}(\Lambda \otimes r^{\otimes n} \otimes_{\Lambda^o} \Lambda, \Lambda), \quad \omega^n(g) = \omega_n g.$$

直接验证即得 $\omega^\bullet \mu^\bullet = \mathrm{Id}_{C^*(\mathbb{P})}$.

6.3 李括号积

本节利用不同的投射分解, 将 Gerstenhaber 括号积转化为约化括号积和极小括号积, 实现不同李括号积之间的转化.

Gerstenhaber 括号积 Gerstenhaber 在文献 [69] 中根据标准 bar 分解定义了 Hochschild 上链复形 $C^*(\mathbb{S})$ 的 Gerstenhaber 括号积. 注意到, $C^n(\mathbb{S}) = \mathrm{Hom}_{\Lambda^e}(\Lambda \otimes_k$

6.3 李括号积

$\Lambda^{\otimes_k^n} \otimes_k \Lambda, \Lambda)$. 双线性映射 $\circ_i : C^n(\mathbb{S}) \times C^m(\mathbb{S}) \longrightarrow C^{n+m-1}(\mathbb{S})$ 定义为

$$f^n \circ_i g^m(1 \otimes_k x_1 \otimes_k \cdots \otimes_k x_{n+m-1} \otimes_k 1)$$
$$= f^n(1 \otimes_k x_1 \otimes_k \cdots \otimes_k x_{i-1} \otimes_k g^m(1 \otimes_k x_i \otimes_k \cdots \otimes_k x_{i+m-1} \otimes_k 1)$$
$$\otimes_k x_{i+m} \otimes_k \cdots \otimes_k x_{n+m-1} \otimes_k 1).$$

定义 $f^n \circ g^m = \sum_{i=1}^n (-1)^{(i-1)(m-1)} f^n \circ_i g^m$, 则 Gerstenhaber 括号积定义为

$$[f^n, g^m] = f^n \circ g^m - (-1)^{(n-1)(m-1)} g^m \circ f^n.$$

$C^{*+1}(\mathbb{S}) = \bigoplus_{n=1}^\infty C^n(\mathbb{S})$ 在 Gerstenhaber 括号积 $[-,-]$ 下作成分次李代数.

约化括号积 由文献[120]知, 对任意有限维基代数, Gerstenhaber 括号积都可以转化为约化括号积. 由约化 bar 分解的 Hochschild 上链复形 $C^*(\mathbb{R})$, 定义双线性映射 $\bar{\circ}_i : C^n(\mathbb{R}) \times C^m(\mathbb{R}) \longrightarrow C^{n+m-1}(\mathbb{R})$,

$$f^n \bar{\circ}_i g^m(1 \otimes x_1 \otimes \cdots \otimes x_{n+m-1} \otimes 1)$$
$$= f^n(1 \otimes x_1 \otimes \cdots \otimes x_{i-1} \otimes \pi(g^m(1 \otimes x_i \otimes \cdots \otimes x_{i+m-1} \otimes 1))$$
$$\otimes x_{i+m} \otimes \cdots \otimes x_{n+m-1} \otimes 1),$$

其中 $x_i \in r$. 定义 $f^n \bar{\circ} g^m = \sum_{i=1}^n (-1)^{(i-1)(m-1)} f^n \bar{\circ}_i g^m$, 则约化括号积定义为

$$[f^n, g^m]_\mathbb{R} = f^n \bar{\circ} g^m - (-1)^{(n-1)(m-1)} g^m \bar{\circ} f^n.$$

注意到 $f^n \bar{\circ}_i g^m = s^{n+m-1}(p^n(f^n) \circ_i p^m(g^m))$, $[f^n, g^m]_\mathbb{R} = s^{n+m-1}([p^n(f^n), p^m(g^m)])$, 则 $C^{*+1}(\mathbb{R}) = \bigoplus_{n=1}^\infty C^n(\mathbb{R})$ 在约化括号积 $[-,-]_\mathbb{R}$ 下也作成了分次李代数.

极小括号积 约化 bar 分解中的模仍然很大, 不利于计算. 我们希望能将约化括号积转化到极小投射分解上, 利用极小分解来定义李括号积. 定义双线性映射 $\widetilde{\circ}_i : C^n(\mathbb{P}) \times C^m(\mathbb{P}) \longrightarrow C^{n+m-1}(\mathbb{P})$,

$$f^n \widetilde{\circ}_i g^m = \mu^{n+m-1}(\omega^n(f^n) \bar{\circ}_i \omega^m(g^m)) = \mu_{n+m-1}(\omega_n f^n \bar{\circ}_i \omega_m g^m).$$

定义 $f^n \widetilde{\circ} g^m$ 为 $\sum_{i=1}^n (-1)^{(i-1)(m-1)} f^n \widetilde{\circ}_i g^m$, 则极小括号积定义为

$$[f^n, g^m]_\mathbb{P} = f^n \widetilde{\circ} g^m - (-1)^{(n-1)(m-1)} g^m \widetilde{\circ} f^n.$$

同样可得 $C^{*+1}(\mathbb{P}) = \bigoplus_{n=1}^\infty C^n(\mathbb{P})$ 在极小括号积 $[-,-]_\mathbb{P}$ 下也作成了一个分次李代数. 进一步地, $\omega^\bullet$ 诱导了分次李代数之间的一个同态映射 $\omega^* : C^{*+1}(\mathbb{P}) \longrightarrow C^{*+1}(\mathbb{R})$.

取 $f^n \in C^n(\mathbb{P})$ 和 $g^m \in C^m(\mathbb{P})$ 分别代表 $\mathrm{HH}^n(\Lambda)$ 和 $\mathrm{HH}^m(\Lambda)$ 中的元素, 则

$$\begin{aligned}
d^*[f^n, g^m]_\mathbb{P} &= d^*(\mu^{n+m-1}([\omega^n(f^n), \omega^m(g^m)]_\mathbb{R})) \\
&= \mu^{n+m}(\delta^*([\omega^n(f^n), \omega^m(g^m)]_\mathbb{R})) \\
&= \mu^{n+m}([\omega^n(f^n), \delta^*(\omega^m(g^m))]_\mathbb{R}) + (-1)^{m-1}\mu^{n+m}([\delta^*(\omega^n(f^n)), \omega^m(g^m)]_\mathbb{R}) \\
&= \mu^{n+m}([\omega^n(f^n), \omega^{m+1}(d^*(g^m))]_\mathbb{R}) + (-1)^{m-1}\mu^{n+m}([\omega^{n+1}(d^*(f^n)), \omega^m(g^m)]_\mathbb{R}) \\
&= [f^n, d^*(g^m)]_\mathbb{P} + (-1)^{m-1}[d^*(f^n), g^m]_\mathbb{P}.
\end{aligned}$$

则上链复形 $C^{*+1}(\mathbb{P})$ 诱导了上同调 $\mathrm{HH}^{*+1}(\Lambda)$ 上的一个极小括号积:

$$[-,-]_\mathbb{P}: \mathrm{HH}^n(\Lambda) \times \mathrm{HH}^m(\Lambda) \longrightarrow \mathrm{HH}^{n+m-1}(\Lambda).$$

因此 $\mathrm{HH}^{*+1}(\Lambda)$ 在极小括号积 $[-,-]_\mathbb{P}$ 下也具有了分次李代数的结构, 且该结构和约化括号积以及 Gerstenhaber 括号积诱导的分次李代数结构是一致的.

定理 6.1 $\mathrm{HH}^{*+1}(\Lambda)$ 分别在极小括号积、约化括号积以及 Gerstenhaber 括号积下作成的分次李代数是同构的.

6.4 二次零关系代数的极小括号积

为了给出极小括号积更为精细的刻画, 我们引入以下符号. 设 $\mathcal{B}$ 是 Λ 的一组 k-基. 设 X 和 Y 是由 Q 中的路构成的集合, 我们仍然定义 $X \parallel Y := \{(p,q) \in X \times Y \mid p \parallel q\}$, 且用 $k(X \parallel Y)$ 表示由集合 $X \parallel Y$ 生成的 k-向量空间.

引理 6.1 作为向量空间, $\mathrm{Hom}_{\Lambda^e}(\Lambda \otimes k\Gamma_n \otimes \Lambda, \Lambda) \cong k(\Gamma_n \parallel \mathcal{B})$.

由上面引理, 我们得到 $C^n(\mathbb{P})$ 的一组基 $\{f_{(\gamma,b)} \mid (\gamma, b) \in \Gamma_n \parallel \mathcal{B}\}$, 其中

$$f_{(\gamma,b)}(1 \otimes \gamma' \otimes 1) = \begin{cases} b, & \gamma' = \gamma, \\ 0, & \text{其他}. \end{cases}$$

任取 $(\alpha^n, x) \in (\Gamma_n \parallel \mathcal{B})$, $(\beta^m, y) \in (\Gamma_m \parallel \mathcal{B})$, 在上述向量空间的同构下, 我们将 $f_{(\alpha^n,x)}\widetilde{\circ}_i f_{(\beta^m,y)}$ 简记为 $(\alpha^n, x)\widetilde{\circ}_i (\beta^m, y)$.

定义 6.1 设 $n, m \geq 1$, $i = 1, 2, \cdots, n$. 给定 $\alpha^n = a_1 a_2 \cdots a_n \in \Gamma_n$ 和 $\beta^m = b_1 b_2 \cdots b_m \in \Gamma_m$, 其中 $a_i, b_j \in Q_1$, 定义

$$\alpha^n \diamond_i \beta^m = \begin{cases} a_1 \cdots a_{i-1} b_1 \cdots b_m a_{i+1} \cdots a_n, & \beta^m \parallel a_i \text{ 且 } a_{i-1}b_1, b_m a_{i+1} \in \Gamma_{n+m-1}, \\ 0, & \text{其他}. \end{cases}$$

引理 6.2 设 $(\alpha^n, x) \in (\Gamma_n \parallel \mathcal{B})$, $(\beta^m, y) \in (\Gamma_m \parallel \mathcal{B})$, $\alpha^n = a_1 \cdots a_i \cdots a_n$, 则

$$(\alpha^n, x)\widetilde{\circ}_i (\beta^m, y) = \delta_{a_i, y}(\alpha^n \diamond_i \beta^m, x),$$

6.4 二次零关系代数的极小括号积

其中
$$\delta_{a_i,y} = \begin{cases} 1, & y = a_i, \\ 0, & 其他. \end{cases}$$

证 任取 $1 \otimes \alpha_1 \cdots \alpha_{n+m-1} \otimes 1 \in \Lambda \otimes k\Gamma_{n+m-1} \otimes \Lambda$, 则有

$$f_{(\alpha^n,x)}\tilde{\circ}_i f_{(\beta^m,y)}(1 \otimes \alpha_1 \cdots \alpha_{n+m-1} \otimes 1)$$
$$= (\omega_n f_{(\alpha^n,x)}\bar{\circ}_i \omega_m f_{(\beta^m,y)})(\mu_{n+m-1}(1 \otimes \alpha_1 \cdots \alpha_{n+m-1} \otimes 1))$$
$$= (\omega_n f_{(\alpha^n,x)}\bar{\circ}_i \omega_m f_{(\beta^m,y)})(1 \otimes \alpha_1 \otimes \cdots \otimes \alpha_{n+m-1} \otimes 1)$$
$$= (\omega_n f_{(\alpha^n,x)})(1 \otimes \alpha_1 \otimes \cdots \otimes \alpha_{i-1} \otimes (\omega_m f_{(\beta^m,y)}\pi)(1 \otimes \alpha_i \otimes \cdots \otimes \alpha_{i+m-1} \otimes 1)$$
$$\otimes \alpha_{i+m} \otimes \cdots \otimes \alpha_{n+m-1} \otimes 1)$$
$$= f_{(\alpha^n,x)}(\omega_n(1 \otimes \alpha_1 \otimes \cdots \otimes \alpha_{i-1} \otimes \pi(f_{(\beta^m,y)}(1 \otimes \alpha_i \cdots \alpha_{i+m-1} \otimes 1))$$
$$\otimes \alpha_{i+m} \otimes \cdots \otimes \alpha_{n+m-1} \otimes 1)).$$

又
$$f_{(\beta^m,y)}(1 \otimes \alpha_i \cdots \alpha_{i+m-1} \otimes 1) = \begin{cases} y, & \beta^m = \alpha_i \cdots \alpha_{i+m-1}, \\ 0, & 其他, \end{cases}$$

从而

$$f_{(\alpha^n,x)}\tilde{\circ}_i f_{(\beta^m,y)}(1\otimes\alpha_1\cdots\alpha_{n+m-1}\otimes 1) = \begin{cases} x, & \beta^m = \alpha_i \cdots \alpha_{i+m-1} \text{ 且} \\ & \alpha^n = \alpha_1 \cdots \alpha_{i-1} y \alpha_{i+m} \cdots \alpha_{n+m-1}, \\ 0, & 其他. \end{cases}$$

因此由

$$f_{(\alpha^n \diamond_i \beta^m, x)}(1 \otimes \alpha_1 \cdots \alpha_{n+m-1} \otimes 1) = \begin{cases} x, & \beta^m = \alpha_i \cdots \alpha_{i+m-1} \text{ 且} \\ & \alpha^n = \alpha_1 \cdots \alpha_{i-1} a_i \alpha_{i+m} \cdots \alpha_{n+m-1}, \\ 0, & 其他, \end{cases}$$

结论得证. □

记 $\Gamma \parallel \mathcal{B} = \bigoplus_{n=1}^{\infty}(\Gamma_n \parallel \mathcal{B})$. $\tilde{\circ}_i$ 诱导了算子 $[-,-]_Q : k(\Gamma_n \parallel \mathcal{B}) \times k(\Gamma_n \parallel \mathcal{B}) \longrightarrow k(\Gamma_{n+m-1} \parallel \mathcal{B})$,

$$[(\alpha^n,x),(\beta^m,y)]_Q = \sum_{i=1}^{n}(-1)^{(i-1)(m-1)}(\alpha^n,x)\tilde{\circ}_i(\beta^m,y)$$
$$- (-1)^{(n-1)(m-1)}\sum_{i=1}^{m}(-1)^{(i-1)(n-1)}(\beta^m,y)\tilde{\circ}_i(\alpha^n,x).$$

向量空间 $k(\Gamma \parallel \mathcal{B})$ 在李括号积 $[-,-]_Q$ 下作成了一个分次李代数, 且与 $C^{*+1}(\mathbb{P})$ 在极小括号积 $[-,-]_\mathbb{P}$ 下作成的李代数同构.

注 给定 $(\alpha, x), (\beta, y) \in (\Gamma_1 \parallel \mathcal{B})$, 则 $[(\alpha, x), (\beta, y)]_Q = \delta_{\alpha, y}(\beta, x) - \delta_{\beta, x}(\alpha, y)$. 对于其他情形, 进一步考虑二次三角零关系代数.

定理 6.2 设 $\Lambda = kQ/I$ 是二次三角零关系代数. 对任意的 $n > m \geqslant 1$ 或 $m > n \geqslant 1$, 给定 $(\alpha^n, x) \in (\Gamma_n \parallel \mathcal{B})$ 和 $(\beta^m, y) \in (\Gamma_m \parallel \mathcal{B})$, 其中 $\alpha^n = a_1 \cdots a_n$, $\beta^m = b_1 \cdots b_m$, 则

$$[(\alpha^n, x), (\beta^m, y)]_Q$$
$$= \begin{cases} (-1)^{(s-1)(m-1)}(a_1 \cdots a_{s-1} b_1 \cdots b_m a_{s+1} \cdots a_n, x), \\ \quad \text{若 } y = a_s \text{ 对某个 } s \in \{1, 2, \cdots, n\}, \text{ 且} \\ \quad a_1 \cdots a_{s-1} b_1 \cdots b_m a_{s+1} \cdots a_n \in \Gamma_{n+m-1}, \\ -(-1)^{(n-1)(m+t)}(b_1 \cdots b_{t-1} a_1 \cdots a_n b_{t+1} \cdots b_m, y), \\ \quad \text{若 } x = b_t \text{ 对某个 } t \in \{1, 2, \cdots, m\}, \text{ 且} \\ \quad b_1 \cdots b_{t-1} a_1 \cdots a_n b_{t+1} \cdots b_m \in \Gamma_{n+m-1}, \\ 0, \quad \text{其他.} \end{cases}$$

证 我们仅证明第一种情形, 第二种情形类似可证. 由引理 6.2 得

$$[(\alpha^n, x), (\beta^m, y)]_Q = \sum_{i=1}^{n} (-1)^{(i-1)(m-1)} \delta_{a_i, y}(\alpha^n \diamond_i \beta^m, x)$$
$$- (-1)^{(n-1)(m-1)} \sum_{i=1}^{m} (-1)^{(i-1)(n-1)} \delta_{b_i, x}(\beta^m \diamond_i \alpha^n, y).$$

又 Λ 是三角代数, 所以至多存在一个 $i \in \{1, 2, \cdots, n\}$ 满足 $y = a_i$. 因此当 $y = a_s$ 且 $a_1 \cdots a_{s-1} b_1 \cdots b_m a_{s+1} \cdots a_n \in \Gamma_{n+m-1}$ 时,

$$\sum_{i=1}^{n} (-1)^{(i-1)(m-1)} \delta_{a_i, y}(\alpha^n \diamond_i \beta^m, x)$$
$$= (-1)^{(s-1)(m-1)}(a_1 \cdots a_{s-1} b_1 \cdots b_m a_{s+1} \cdots a_n, x),$$

而其他情形时则为零. 仅需证明对任意的 $s \in \{1, 2, \cdots, n\}$, 若 $\beta^m \parallel a_s$, 则对所有的 $t \in \{1, 2, \cdots, m\}$, 都有 $\alpha^n \nparallel b_t$. 注意到 Λ 是三角代数, 从而 Q 不含定向圈.

若存在 $s \in \{1, 2, \cdots, n\}$ 使得 $\beta^m \parallel a_s$, 则有以下箭图:

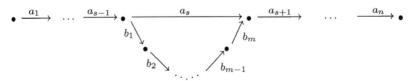

6.4 二次零关系代数的极小括号积

又 Q 不含定向圈, 上图中任意两个顶点都不可能重合. 显然, $\alpha^n \nmid b_i$, $i = 1, \cdots, m$. 结论得证. $\square$

作为定理 6.2 的应用, 我们有如下推论.

推论[32] 设 $\Lambda = kQ/I$ 是三角 gentle 代数, 则对任意的 $n > 1$ 和 $m > 1$, 我们有 $[\mathrm{HH}^n(\Lambda), \mathrm{HH}^m(\Lambda)] = 0$.

证 对 $n, m > 1$, 任取 $(\alpha^n, x) \in \mathrm{HH}^n(\Lambda)$, $(\beta^m, y) \in \mathrm{HH}^m(\Lambda)$, 其中 $\alpha^n = a_1 \cdots a_n$, $\beta^m = b_1 \cdots b_m$. 因为 Λ 是三角 gentle 代数, 所以当 $s \in \{1, 2, \cdots, n-1\}$ 时, $a_s a_{s+1} \in I$ 意味着不存在箭向 b_m 使得 $b_m a_{s+1} \in I$; 当 $s = n$ 时, $a_{s-1} a_s \in I$ 意味着不存在箭向 b_1 使得 $a_{s-1} b_1 \in I$. 从而, 同样可证不存在 $t \in \{1, 2, \cdots, m\}$ 满足定理 6.2 中的第二种情形. 因此, 由定理 6.2 可得 $[(\alpha^n, x), (\beta^m, y)]_Q = 0$. $\square$

注 对三角串代数 Λ, $[\mathrm{HH}^n(\Lambda), \mathrm{HH}^m(\Lambda)]$ 可能为零. 例如, 设三角串代数 Λ 由如下箭图给出:

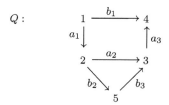

其中关系满足

$$a_1 a_2 = 0, \quad a_2 a_3 = 0, \quad a_1 b_2 = 0, \quad b_2 b_3 = 0, \quad b_3 a_3 = 0,$$

则 $\mathcal{B} = \{e_1, e_2, e_3, e_4, e_5, a_1, a_2, a_3, b_1, b_2, b_3\}$ 是 Λ 的一组基. 设

$$\begin{aligned}
\Gamma_0 &= \{e_1, e_2, e_3, e_4, e_5\}, \\
\Gamma_1 &= \{a_1, a_2, a_3, b_1, b_2, b_3\}, \\
\Gamma_2 &= \{a_1 a_2, a_2 a_3, a_1 b_2, b_2 b_3, b_3 a_3\}, \\
\Gamma_3 &= \{a_1 a_2 a_3, a_1 b_2 b_3, b_2 b_3 a_3\}, \\
\Gamma_4 &= \{a_1 b_2 b_3 a_3\}.
\end{aligned}$$

Λ 的上链复形 $C^*(\mathbb{P})$ 同构于以下复形:

$$0 \longrightarrow k(\Gamma_0 \| \mathcal{B}) \xrightarrow{d^1} k(\Gamma_1 \| \mathcal{B}) \xrightarrow{d^2} k(\Gamma_2 \| \mathcal{B}) \xrightarrow{d^3} k(\Gamma_3 \| \mathcal{B}) \xrightarrow{d^4} k(\Gamma_4 \| \mathcal{B}) \longrightarrow 0,$$

其中

$$d^{n+1}(\gamma_n, b) = \sum_{\alpha \gamma_n \in \Gamma_{n+1}} (\alpha \gamma_n, \alpha b) + (-1)^{n+1} \sum_{\gamma_n \beta \in \Gamma_{n+1}} (\gamma_n \beta, b\beta).$$

容易看出, 对任意的 $i \in \{1,2,3,4\}$, 都有 $d^i = 0$. 从而 $\mathrm{HH}^i(\Lambda) = k(\Gamma_i \parallel \mathcal{B})$. 任取 $(a_1a_2a_3, b_1) \in \mathrm{HH}^3(\Lambda)$, $(b_2b_3, a_2) \in \mathrm{HH}^2(\Lambda)$, 则在 $\mathrm{HH}^4(\Lambda)$ 中,

$$[(a_1a_2a_3, b_1), (b_2b_3, a_2)]_Q = -(a_1b_2b_3a_3, b_1) \neq 0.$$

6.5 在 Fibonacci 代数上的应用

Fibonacci 代数是一类特殊的二次零关系代数. 设 $\Lambda = kQ/I$ 是 Fibonacci 代数, $Q = (Q_0, Q_1)$ 是一个有限箭图, 顶点集 $Q_0 = \{1, 2\}$, 箭向集 $Q_1 = \{\alpha_i : 1 \longrightarrow 2, i = 1, \cdots, p; \beta_j : 2 \longrightarrow 1, j = 1, \cdots, q\}$, 其中 $d = p + q$ 且 $q = p$ 或 $q = p - 1$, I 是由 $\{\alpha_i\beta_j : i > j; \beta_i\alpha_j : i \geqslant j\}$ 生成的 kQ 的理想. 范金梅和徐运阁在文献 [63] 中研究了其 Hochschild 上同调群, 并在文献 [62] 中证明了其 Hochschild 上同调环 $\mathrm{HH}^*(\Lambda)$ 的乘法结构是平凡的.

本节中将利用引理 6.2, 刻画 Fibonacci 代数的 Hochschild 上同调 $\mathrm{HH}^*(\Lambda)$ 的李代数结构. 为了避免较长的符号表达, 仅给出 $\Gamma \parallel \mathcal{B}$ 中的算子 $\tilde{\circ}$ 的显式表达.

设 $B_0 = Q_0$, $B_1 = Q_1$. 对任意的 $n \geqslant 2$, 若 n 为偶数, 则设

$$B_n = \{\beta_{i_1}\alpha_{i_2}\beta_{i_3}\alpha_{i_4}\cdots\beta_{i_{n-1}}\alpha_{i_n} \mid i_1 < i_2 \leqslant i_3 < i_4 \leqslant \cdots \leqslant i_{n-1} < i_n\}$$
$$\cup \{\alpha_{i_1}\beta_{i_2}\alpha_{i_3}\beta_{i_4}\cdots\alpha_{i_{n-1}}\beta_{i_n} \mid i_1 \leqslant i_2 < i_3 \leqslant i_4 < \cdots < i_{n-1} \leqslant i_n\};$$

若 n 是奇数, 则设

$$B_n = \{\beta_{i_1}\alpha_{i_2}\beta_{i_3}\alpha_{i_4}\cdots\alpha_{i_{n-1}}\beta_{i_n} \mid i_1 < i_2 \leqslant i_3 < i_4 \leqslant \cdots \leqslant i_{n-1} \leqslant i_n\}$$
$$\cup \{\alpha_{i_1}\beta_{i_2}\alpha_{i_3}\beta_{i_4}\cdots\beta_{i_{n-1}}\alpha_{i_n} \mid i_1 \leqslant i_2 < i_3 \leqslant i_4 < \cdots \leqslant i_{n-1} < i_n\}.$$

$\mathcal{B} = \bigcup_{n=0}^{d} B_n$ 构成了 Λ 的一组基.

由文献 [74] 知, Λ 是一个 Koszul 代数且整体维数 d, 它的一个极小双模投射分解定义为

$$\mathbb{P} = \quad 0 \longrightarrow P_d \longrightarrow \cdots \longrightarrow P_n \xrightarrow{d_n} P_{n-1} \longrightarrow \cdots \longrightarrow P_1 \xrightarrow{d_1} P_0 \longrightarrow \Lambda \longrightarrow 0,$$

其中 $P_n = \Lambda \otimes k\Gamma_n \otimes \Lambda$. 这里, $\Gamma_0 = Q_0$, $\Gamma_1 = Q_1$, 且对任意的 $n \geqslant 2$, 当 n 为偶数时,

$$\Gamma_n = \{\beta_{i_1}\alpha_{i_2}\beta_{i_3}\alpha_{i_4}\cdots\beta_{i_{n-1}}\alpha_{i_n} \mid i_1 \geqslant i_2 > i_3 \geqslant i_4 > \cdots > i_{n-1} \geqslant i_n\}$$
$$\cup \{\alpha_{i_1}\beta_{i_2}\alpha_{i_3}\beta_{i_4}\cdots\alpha_{i_{n-1}}\beta_{i_n} \mid i_1 > i_2 \geqslant i_3 > i_4 \geqslant \cdots \geqslant i_{n-1} > i_n\};$$

当 n 为奇数时,

$$\Gamma_n = \{\beta_{i_1}\alpha_{i_2}\beta_{i_3}\alpha_{i_4}\cdots\alpha_{i_{n-1}}\beta_{i_n} \mid i_1 \geqslant i_2 > i_3 \geqslant i_4 > \cdots > i_{n-1} > i_n\}$$
$$\cup \{\alpha_{i_1}\beta_{i_2}\alpha_{i_3}\beta_{i_4}\cdots\beta_{i_{n-1}}\alpha_{i_n} \mid i_1 > i_2 \geqslant i_3 > i_4 \geqslant \cdots > i_{n-1} \geqslant i_n\}.$$

6.5 在 Fibonacci 代数上的应用

注意到, 若 $n > d$, 则 $\Gamma_n = \varnothing$.

为了表达方便, 我们引入一个新的算子符号. 给定 $(\alpha^n, x) \in (\Gamma_n \parallel \mathcal{B})$ 和 $(\beta^m, y) \in (\Gamma_m \parallel \mathcal{B})$, 其中 $\alpha^n = a_{i_1} \cdots a_{i_n}$, $\beta^m = b_{j_1} \cdots b_{j_m}$, 设

$$\alpha^n \bigvee_k \beta^m = \begin{cases} a_{i_1} \cdots a_{i_{k-1}} b_{j_1} \cdots b_{j_m} a_{i_{k+1}} \cdots a_{i_n}, & \beta^m \parallel a_{i_k}, \\ 0, & \text{其他}. \end{cases}$$

定理 6.3 设 $\Lambda = kQ/I$ 是 Fibonacci 代数. 对任意的 $n, m \geqslant 1$, 给定 $(\alpha^n, x) \in (\Gamma_n \parallel \mathcal{B})$ 和 $(\beta^m, y) \in (\Gamma_m \parallel \mathcal{B})$, 其中 $\alpha^n = a_{i_1} \cdots a_{i_n}$, $\beta^m = b_{j_1} \cdots b_{j_m}$, 则

(1) 若 $n + m > d + 1$, 则 $(\alpha^n, x)\tilde{\circ}(\beta^m, y) = 0$;

(2) 若 $n + m \leqslant d + 1$ 且 m 是偶数, 则 $(\alpha^n, x)\tilde{\circ}(\beta^m, y) = 0$;

(3) 若 $n + m \leqslant d + 1$ 且 m 是奇数, 则

$(\alpha^n, x)\tilde{\circ}(\beta^m, y)$
$$= \begin{cases} -\left(\alpha^n \bigvee_{2k} \beta^m, x\right), & \text{若 } s(\alpha^n) = e_1,\ y = a_{i_{2k}} \left(1 \leqslant k \leqslant \left[\dfrac{n}{2}\right]\right), \text{且 } i_{2k-1} > j_1, \\ & j_m \geqslant i_{2k+1};\ \text{或若 } s(\alpha^n) = e_2,\ y = a_{i_{2k}} \left(1 \leqslant k \leqslant \left[\dfrac{n}{2}\right]\right), \\ & \text{且 } i_{2k-1} \geqslant j_1, j_m > i_{2k+1}, \\ \left(\alpha^n \bigvee_{2k-1} \beta^m, x\right), & \text{若 } s(\alpha^n) = e_1,\ y = a_{i_{2k-1}} \bigg(1 \leqslant k \leqslant \dfrac{n}{2} \text{ 当 } n \text{ 是偶数 且} \\ & 1 \leqslant k \leqslant \dfrac{n+1}{2} \text{ 当 } n \text{ 是奇数}\bigg), \text{且 } i_{2k-2} \geqslant j_1, j_m > i_{2k}; \\ & \text{或若 } s(\alpha^n) = e_2,\ y = a_{i_{2k-1}} \bigg(1 \leqslant k \leqslant \dfrac{n}{2} \text{ 当 } n \text{ 是偶数 且} \\ & 1 \leqslant k \leqslant \dfrac{n+1}{2} \text{ 当 } n \text{ 是奇数}\bigg), \text{且 } i_{2k-2} > j_1,\ j_m \geqslant i_{2k}, \\ 0, & \text{其他}. \end{cases}$$

注 (1) $\left[\dfrac{n}{2}\right]$ 表示不超过 $\dfrac{n}{2}$ 的最大整数.

(2) 在 α^n 的表达式中, 若上述条件中的 a_{i_k} 没有意义, 则去掉此条件. 例如, 若 $o(\alpha^n) = e_1, y = a_{i_{2k-1}} = a_{i_1}$, 则在 α^n 的表达式中, $a_{i_{2k-2}} = a_{i_0}$ 没有意义, 此时去掉相应的条件 $i_{2k-2} \geqslant j_1$ 即可.

证 (1) 若 $n + m > d + 1$, 则 $(\alpha^n, x)\tilde{\circ}(\beta^m, y) \in k(\Gamma_{n+m-1} \parallel \mathcal{B}) = 0$.

(2) 若 $n + m \leqslant d + 1$ 且 m 是偶数, 则 $\beta^m \parallel e_1$ 或 $\beta^m \parallel e_2$. 又对任意的 $(\beta^m, y) \in (\Gamma_m \parallel \mathcal{B})$, y 都不可能等于任何一个 $a_{i_k} \in Q_1$.

(3) 当 $n+m \leqslant d+1$ 且 m 是奇数时, 首先考虑 $n = 2h$ 为偶数的情形. 此时有 $\alpha^n \parallel e_1$ 或 $\alpha^n \parallel e_2$.

若 $\alpha^n \parallel e_1$, 则设 $\alpha^n = \alpha_{i_1}\beta_{i_2}\alpha_{i_3}\beta_{i_4}\cdots\alpha_{i_{n-1}}\beta_{i_n}$, $i_1 > i_2 \geqslant i_3 > i_4 \geqslant \cdots \geqslant i_{n-1} > i_n$. 进一步地, 若 $y = a_{i_{2k}} = \beta_{i_{2k}}(1 \leqslant k \leqslant h)$ 且 $i_{2k-1} > j_1, j_m \geqslant i_{2k+1}$, 则 $(\alpha^n, x)\tilde{\circ}(\beta^m, y) = -(\alpha^n \bigvee_{2k} \beta^m, x)$; 若 $y = a_{i_{2k-1}} = \alpha_{i_{2k-1}}(1 \leqslant k \leqslant h)$ 且 $i_{2k-2} \geqslant j_1, j_m > i_{2k}$, 则 $(\alpha^n, x)\tilde{\circ}(\beta^m, y) = (\alpha^n \bigvee_{2k-1} \beta^m, x)$.

若 $\alpha^n \parallel e_2$, 则设 $\alpha^n = \beta_{i_1}\alpha_{i_2}\beta_{i_3}\alpha_{i_4}\cdots\beta_{i_{n-1}}\alpha_{i_n}$, $i_1 \geqslant i_2 > i_3 \geqslant i_4 > \cdots > i_{n-1} \geqslant i_n$. 进一步地, 若 $y = a_{i_{2k}} = \alpha_{i_{2k}}(1 \leqslant k \leqslant h)$ 且 $i_{2k-1} \geqslant j_1, j_m > i_{2k+1}$, 则也有 $(\alpha^n, x)\tilde{\circ}(\beta^m, y) = -(\alpha^n \bigvee_{2k} \beta^m, x)$; 若 $y = a_{i_{2k-1}} = \beta_{i_{2k-1}}(1 \leqslant k \leqslant h)$ 且 $i_{2k-2} > j_1, j_m \geqslant i_{2k}$, 则同样得到 $(\alpha^n, x)\tilde{\circ}(\beta^m, y) = (\alpha^n \bigvee_{2k-1} \beta^m, x)$.

接下来考虑 $n = 2h+1$ 为奇数的情形. 此时有 $\alpha^n \parallel \alpha_1$ 或 $\alpha^n \parallel \beta_1$.

若 $\alpha^n \parallel \alpha_1$, 则设 $\alpha^n = \alpha_{i_1}\beta_{i_2}\alpha_{i_3}\beta_{i_4}\cdots\beta_{i_{n-1}}\alpha_{i_n}$, $i_1 > i_2 \geqslant i_3 > i_4 \geqslant \cdots \geqslant i_{n-1} \geqslant i_n$. 进一步地, 若 $y = a_{i_{2k}} = \beta_{i_{2k}}(1 \leqslant k \leqslant h)$ 且 $i_{2k-1} > j_1, j_m \geqslant i_{2k+1}$, 则有 $(\alpha^n, x)\tilde{\circ}(\beta^m, y) = -(\alpha^n \bigvee_{2k} \beta^m, x)$; 若 $y = a_{i_{2k-1}} = \alpha_{i_{2k-1}}(1 \leqslant k \leqslant h+1)$ 且 $i_{2k-2} \geqslant j_1, j_m > i_{2k}$, 则有 $(\alpha^n, x)\tilde{\circ}(\beta^m, y) = (\alpha^n \bigvee_{2k-1} \beta^m, x)$.

若 $\alpha^n \parallel \beta_1$, 则设 $\alpha^n = \beta_{i_1}\alpha_{i_2}\beta_{i_3}\alpha_{i_4}\cdots\alpha_{i_{n-1}}\beta_{i_n}$ 且 $i_1 \geqslant i_2 > i_3 \geqslant i_4 > \cdots \geqslant i_{n-1} > i_n$. 进一步地, 若 $y = a_{i_{2k}} = \alpha_{i_{2k}}(1 \leqslant k \leqslant h)$ 且 $i_{2k-1} \geqslant j_1, j_m > i_{2k+1}$, 则也有 $(\alpha^n, x)\tilde{\circ}(\beta^m, y) = -(\alpha^n \bigvee_{2k} \beta^m, x)$; 若 $y = a_{i_{2k-1}} = \beta_{i_{2k-1}}(1 \leqslant k \leqslant h+1)$ 且 $i_{2k-2} > j_1, j_m \geqslant i_{2k}$, 则同样有 $(\alpha^n, x)\tilde{\circ}(\beta^m, y) = (\alpha^n \bigvee_{2k-1} \beta^m, x)$. □

推论 设 $\Lambda = KQ/I$ 是 Fibonacci 代数. 对任意的 $n, m \geqslant 1$, 有

$$[\mathrm{HH}^{2n}(\Lambda), \mathrm{HH}^{2m}(\Lambda)] = 0.$$

特别地, 这说明 $\mathrm{HH}^2(\Lambda)$ 中每个元素都定义了 Λ 的一个 Poisson 结构. 有关 Poisson 结构, 详见 [70, 143].

注 设 $\Lambda = KQ/I$ 是 Fibonacci 代数. 注意到, $\mathrm{HH}^*(\Lambda)$ 的环结构是平凡的. 然而其李代数结构并不平凡. 例如, 取 $p = q = 2$. 则

$$\mathcal{B} = \{e_1, e_2, \alpha_1, \alpha_2, \beta_1, \beta_2, \alpha_1\beta_1, \alpha_1\beta_2, \alpha_2\beta_2, \beta_1\alpha_2\}$$

是 Λ 的一组基. 设

$$\Gamma_0 = \{e_1, e_2\},$$
$$\Gamma_1 = \{\alpha_1, \alpha_2, \beta_1, \beta_2\},$$
$$\Gamma_2 = \{\alpha_2\beta_1, \beta_1\alpha_1, \beta_2\alpha_1, \beta_2\alpha_2\},$$
$$\Gamma_3 = \{\alpha_2\beta_1\alpha_1, \beta_2\alpha_2\beta_1\},$$
$$\Gamma_4 = \{\beta_2\alpha_2\beta_1\alpha_1\}.$$

6.5 在 Fibonacci 代数上的应用

Λ 的上链复形 $C^*(\mathbb{P})$ 同构于以下复形:

$$0 \longrightarrow k(\Gamma_0 \parallel \mathcal{B}) \xrightarrow{d^1} k(\Gamma_1 \parallel \mathcal{B}) \xrightarrow{d^2} k(\Gamma_2 \parallel \mathcal{B}) \xrightarrow{d^3} k(\Gamma_3 \parallel \mathcal{B}) \xrightarrow{d^4} k(\Gamma_4 \parallel \mathcal{B}) \longrightarrow 0,$$

其中

$$d^{n+1}(\gamma_n, b) = \sum_{\alpha\gamma_n \in \Gamma_{n+1}} (\alpha\gamma_n, \alpha b) + (-1)^{n+1} \sum_{\gamma_n\beta \in \Gamma_{n+1}} (\gamma_n\beta, b\beta).$$

容易验证, $(\beta_1\alpha_1, \beta_1\alpha_2) \in \mathrm{Ker} d^3$, $(\beta_2\alpha_2\beta_1, \beta_1) \in \mathrm{Ker} d^4$, 且 $[(\beta_1\alpha_1, \beta_1\alpha_2), (\beta_2\alpha_2\beta_1, \beta_1)]_Q = (\beta_2\alpha_2\beta_1\alpha_1, \beta_1\alpha_2) \notin \mathrm{Im} d^4$. 从而在 $\mathrm{HH}^4(\Lambda)$ 中, $[(\beta_1\alpha_1, \beta_1\alpha_2), (\beta_2\alpha_2\beta_1, \beta_1)]_Q \neq 0$. 进而 $[\mathrm{HH}^2(\Lambda), \mathrm{HH}^3(\Lambda)] \neq 0$.

第 7 章 模-相对 Hochschild 同调与上同调

模-相对 Hochschild 上同调的概念是 Ardizzoni 等在 2008 年研究代数的形式光滑性以及形式光滑双模时引入的, 这一概念在非交换代数几何中扮演着重要角色, 它给出了可分双模以及形式光滑双模的一种刻画. 在非交换且相对的情形下, 可分 (separable) 双模可看成点丛, 即相对上同调维数为零的对象; 而形式光滑双模则可看成曲线丛或者线丛, 即相对上同调维数小于或等于 1 的对象. 目前, 形式光滑对象已成为非交换代数几何的重要研究对象之一 (见 [3, 4, 6, 48, 49, 90, 95, 96, 121]), 研究者们不再局限于从非交换几何方面研究光滑代数, 而进一步地从代数的角度, 利用同调方法如模-相对 Hochschild 上同调来研究 (形式) 光滑性问题[3, 4, 6].

本章首先介绍有关相对同调代数的预备知识, 详见文献 [86, 第 9 章] 和 [137, 第 8 章], 以给出模-相对 Hochschild 同调与上同调的概念. 相对同调的相对核心思想是选取满态射的一个合适的子类来定义投射对象.

7.1 预 备 知 识

7.1.1 由满态射构成的投射类

设 $\mathscr{C}$ 是一个范畴, $\mathcal{E}$ 是由 $\mathscr{C}$ 中的一些态射构成的类. 任取 $\mathcal{E}$ 中的态射 $f: B \longrightarrow C$, $\mathscr{C}$ 中的对象 P 称为 f-投射的, 如果

$$\mathscr{C}(P, f): \mathscr{C}(P, B) \longrightarrow \mathscr{C}(P, C), \quad g \mapsto f \circ g$$

是满的. 如果对每个 $f \in \mathcal{E}$, P 都是 f-投射的, 则称 P 为 $\mathcal{E}$-投射的.

$\mathcal{E}$ 的闭包定义为

$$\overline{\mathcal{E}} := \{f \in \mathscr{C} \mid \text{如果 } P \text{ 是 } \mathscr{C} \text{ 中的 } \mathcal{E}\text{-投射对象, 则 } P \text{ 是 } f\text{-投射的}\}.$$

显然, $\mathcal{E} \subseteq \overline{\mathcal{E}}$ 且 $\overline{\overline{\mathcal{E}}} = \overline{\mathcal{E}}$. 如果 $\mathcal{E} = \overline{\mathcal{E}}$, 则称 $\mathcal{E}$ 是闭的. 一个闭的类称为投射类, 如果对每个对象 $C \in \mathscr{C}$, 都存在 $\mathcal{E}$ 中的态射 $f: P \longrightarrow C$, 其中 P 是 $\mathcal{E}$-投射的.

设 $\mathscr{C}$ 是 Abelian 范畴, $\mathcal{E}$ 是由 $\mathscr{C}$ 中的一些态射构成的闭的类. 设 f 是 $\mathscr{C}$ 中的态射, 如果在 f 的标准分解 $f = i\pi$ (其中 i 是单态射, π 是满态射) 中, 有 $\pi \in \mathcal{E}$, 则称 f 为 $\mathcal{E}$-允许的. $\mathscr{C}$ 中的一个正合序列, 如果它上面所有的态射都是 $\mathcal{E}$-允许的, 则称这个正合序列是 $\mathcal{E}$-正合的. 任取 $C \in \mathscr{C}$, 一个 $\mathcal{E}$-正合序列:

$$\cdots \longrightarrow P_{n+1} \xrightarrow{d_{n+1}} P_n \xrightarrow{d_n} \cdots \xrightarrow{d_2} P_1 \xrightarrow{d_1} P_0 \xrightarrow{d_0} C \longrightarrow 0,$$

7.1 预备知识

若其中每个 P_n 都是 $\mathcal{E}$-投射的, 则称它为 C 的一个 $\mathcal{E}$-投射分解. 因此, 如果 $\mathcal{E}$ 是由 $\mathscr{C}$ 中一些满态射构成的投射类, 则 $\mathscr{C}$ 中的每个对象都存在 $\mathcal{E}$-投射分解.

本书感兴趣的是由满态射构成的闭的类. 关于此, 我们有以下基本事实.

命题 7.1 由满态射构成的闭的类在合成和直和下仍是闭的.

命题 7.2 由满态射构成的闭的类包含每一个这样的投射 $\pi: A \oplus B \twoheadrightarrow A$.

注 命题 7.2 说明由满态射构成的闭的类一定包含所有的同构映射和映射 $B \twoheadrightarrow 0$.

下面给出左 Λ-模范畴 $_\Lambda\mathcal{M}$ 中由满态射构成的一些重要类的例子.

(a) $\mathcal{E}_0$, 由所有的可裂满态射构成的类. 显然它是一个闭的类. 因为每一个对象都是 $\mathcal{E}_0$-投射的, 如果 $\mu: X \longrightarrow Y$ 不是可裂的, 则 Y 显然不是 μ-投射的.

(b) $\mathcal{E}_1$, 由 $_\Lambda\mathcal{M}$ 中所有的满态射构成的类. 它显然也是一个闭的类. $\mathcal{E}_1$-投射对象即为 $_\Lambda\mathcal{M}$ 中的投射模.

(c) $\mathcal{E}_2$, 由 $_\Lambda\mathcal{M}$ 中所有作为 Abelian 群可裂的满态射构成的类. 它也是一个闭的类. 对任意的 Abelian 群 G, Λ-模 $\Lambda \otimes G$ 都是 $\mathcal{E}_2$-投射的.

如下比较定理是非相对情形的一种推广.

定理 7.1 设

$$\mathbb{P}: \quad \cdots \longrightarrow P_{n+1} \longrightarrow P_n \longrightarrow \cdots \longrightarrow P_1 \longrightarrow P_0 \longrightarrow C \longrightarrow 0$$

和

$$\mathbb{K}: \quad \cdots \longrightarrow K_{n+1} \longrightarrow K_n \longrightarrow \cdots \longrightarrow K_1 \longrightarrow K_0 \longrightarrow D \longrightarrow 0$$

是 $\mathscr{C}$ 中的两个复形. 若 $\mathbb{P}$ 是 $\mathcal{E}$-投射的, $\mathbb{K}$ 是 $\mathcal{E}$-正合的, 则每一个态射 $\varphi: C \longrightarrow D$ 都可提升为复形之间的一个态射 $\widetilde{\varphi}: \mathbb{P} \longrightarrow \mathbb{K}$, 且在同伦意义下是唯一的.

7.1.2 $\mathcal{E}$-导出函子

设 $\mathscr{C}, \mathscr{D}$ 是 Abelian 范畴, $\mathcal{E}$ 是由 $\mathscr{C}$ 中一些满态射构成的投射类 (从而 $\mathscr{C}$ 中的每个对象都存在 $\mathcal{E}$-投射分解). 设 $T: \mathscr{C} \longrightarrow \mathscr{D}$ 是加法函子 (或反变函子). 任取 $\mathscr{C}$ 中的对象 C, 令 $\mathbb{P}_C \longrightarrow C$ 是 C 的一个 $\mathcal{E}$-投射分解. 定理 7.1 保证了, 同调群 $\mathrm{H}_n(T(\mathbb{P}_C))$ (或上同调群 $\mathrm{H}^n(T(\mathbb{P}_C))$) 只依赖于 C, 而跟 $\mathcal{E}$-投射分解的选取无关, 从而诱导了一个 $\mathscr{C} \longrightarrow \mathscr{D}$ 的加法函子, 称为 n 阶左 $\mathcal{E}$-导出函子 (或 n 阶右 $\mathcal{E}$-导出函子), 记为 $L_\mathcal{E}^n T$ (或 $R_n^\mathcal{E} T$).

函子 $T: \mathscr{C} \longrightarrow \mathscr{D}$ 称为右 $\mathcal{E}$-正合的, 如果对所有的 $\mathcal{E}$-正合序列

$$C' \longrightarrow C \longrightarrow C'' \longrightarrow 0,$$

都有序列

$$T(C') \longrightarrow T(C) \longrightarrow T(C'') \longrightarrow 0$$

是正合的. 如果对所有的 $\mathcal{E}$-正合序列

$$0 \longrightarrow C' \longrightarrow C \longrightarrow C'',$$

都有序列

$$0 \longrightarrow T(C') \longrightarrow T(C) \longrightarrow T(C'')$$

是正合的, 则称 T 为左 $\mathcal{E}$-正合的. 如果 T 既是左 $\mathcal{E}$-正合又是右 $\mathcal{E}$-正合, 则称 T 是 $\mathcal{E}$-正合函子.

类似于一般的情形, 我们同样有左 $\mathcal{E}$-正合、右 $\mathcal{E}$-正合、$\mathcal{E}$-正合的反变函子. 这里不再一一叙述.

命题 7.3 右 $\mathcal{E}$-正合函子是正合函子.

命题 7.4 若对每一个短 $\mathcal{E}$-正合序列

$$0 \longrightarrow C' \longrightarrow C \longrightarrow C'' \longrightarrow 0,$$

序列 $TC' \longrightarrow TC \longrightarrow TC'' \longrightarrow 0$ 都是正合的, 则称 T 是右 $\mathcal{E}$-正合的.

命题 7.5 对每一个加法函子 T, $L_0^{\mathcal{E}}T$ 都是右 $\mathcal{E}$-正合的.

定理 7.2 对每一个加法函子 $T: \mathscr{C} \longrightarrow \mathscr{D}$, 存在等价的自然变换 $\tau: L_0^{\mathcal{E}}T \longrightarrow T$ 当且仅当 T 是右 $\mathcal{E}$-正合的.

注意到以上所有事实对右 $\mathcal{E}$-导出函子也成立. 特别地, 反变的左 $\mathcal{E}$-正合函子 $T: \mathscr{C} \longrightarrow \mathscr{D}$ 是加法函子且自然同构于 $R_{\mathcal{E}}^0 T$. 并且, 对任意的 $\mathcal{E}$-投射对象 P 以及 $n > 0$, 都有 $R_{\mathcal{E}}^n T(P) = 0$.

7.1.3 闭的投射类的一个例子

下面给出一种投射类的例子, 它也是本书中最关心的一种.

对任意的函子 $\mathbb{H}: \mathscr{C} \longrightarrow \mathscr{D}$, 考虑如下由 $\mathbb{H}$-相对可裂的态射构成的类:

$$\mathcal{E}_{\mathbb{H}} := \{f \in \mathscr{C} \mid \mathbb{H}(f) \text{ 是}\mathscr{D}\text{中的可裂满态射}\}.$$

引理 7.1[3,定理2.2] 设 $(\mathbb{T}, \mathbb{H})$ 是范畴 $\mathscr{C}$ 和 $\mathscr{D}$ 之间的一个伴随对, $\varepsilon: \mathbb{TH} \longrightarrow \mathrm{Id}_{\mathscr{C}}$ 是余单位. 则对任意的 $P \in \mathscr{C}$, 下面几个断言是等价的:

(a) P 是 $\mathcal{E}_{\mathbb{H}}$-投射的;

(b) $\mathcal{E}_{\mathbb{H}}$ 中的每个态射 $f: C \longrightarrow P$ 都存在一个截面射 (section);

(c) 余单位 $\varepsilon_P: \mathbb{TH}(P) \longrightarrow P$ 存在一个截面射;

(d) 存在某个 $X \in \mathscr{D}$, 使得 $\pi: \mathbb{T}(X) \longrightarrow P$ 是可裂满的.

特别地, 所有具有形式 $\mathbb{T}(X)$ $(X \in \mathscr{D})$ 的对象都是 $\mathcal{E}_{\mathbb{H}}$-投射的, 并且 $\mathcal{E}_{\mathbb{H}}$ 是一个投射类.

7.2 模-相对 Hochschild (上) 同调

引理 7.2[4,命题2.2] 设 $(\mathbb{T},\mathbb{H})$ 是一个伴随对, 其中 $\mathbb{H}: \mathscr{C} \longrightarrow \mathscr{D}$ 是一个共变函子. 设 $\varepsilon: \mathbb{T}\mathbb{H} \longrightarrow \mathrm{Id}_{\mathscr{C}}$ 是伴随对的余单位. 则如下几个断言是等价的:

(a) $\mathcal{E}_{\mathbb{H}}$ 是一个由满态射构成的类;

(b) 对任意的 $X \in \mathscr{C}$, 余单位 $\varepsilon_X: \mathbb{T}\mathbb{H}(X) \longrightarrow X$ 存在一个截面射;

(c) $\mathbb{H}: \mathscr{C} \longrightarrow \mathscr{D}$ 是忠实 (faithful) 函子.

注 $\mathcal{E}_{\mathbb{H}}$ 总是一个投射类, 且如果引理 7.2 中的条件满足, 则它是一个由满态射构成的投射类. 此时, $\mathscr{C}$ 中任意的对象都存在 $\mathcal{E}_{\mathbb{H}}$-投射分解, 且由定理 7.1 知它在同伦意义下是唯一的. 因此, 对任意的 $Y \in \mathscr{C}$, 考虑右 $\mathcal{E}_{\mathbb{H}}$-导出函子 $R^*_{\mathcal{E}_{\mathbb{H}}} F_Y$, 其中 $F_Y := \mathscr{C}(-, Y)$. 对于模范畴, 同样可以考虑左 $\mathcal{E}_{\mathbb{H}}$-导出函子 $L^{\mathcal{E}_{\mathbb{H}}}_* G_Y$, 其中 G_Y 为张量函子. 这些函子在如下定义中扮演着重要角色.

定义 7.1 设 $\mathscr{C}, \mathscr{D}$ 是 Abelian 范畴, $(\mathbb{T}, \mathbb{H})$ 是一个伴随对, 其中 $\mathbb{H}: \mathscr{C} \longrightarrow \mathscr{D}$ 是共变函子. 若 $\mathcal{E}_{\mathbb{H}}$ 是一个由满态射构成的类, 且对任意的 $Y \in \mathscr{C}$, 函子 $F_Y := \mathscr{C}(-, Y)$ 都是左 $\mathcal{E}_{\mathbb{H}}$-正合的, 则对任意的 $X, Y \in \mathscr{C}$, 以及 $n \geqslant 0$, 令

$$\mathrm{Ext}^n_{\mathcal{E}_{\mathbb{H}}}(X, Y) := R^n_{\mathcal{E}_{\mathbb{H}}} F_Y(X).$$

对于模范畴, 可以定义相对 Tor-函子.

对偶地, 可以研究相对内射, 即考虑 $\mathscr{C}$ 的反范畴 (注意到 Abelian 范畴的反范畴仍是 Abelian 范畴). 特别地, 由引理 7.1 的对偶说明, 由相对余可裂态射构成的类:

$$\mathcal{I}_{\mathbb{T}} := \{g \in \mathscr{D} \mid \mathbb{T}(g) \text{ 是 } \mathscr{C} \text{ 中的可裂单同态}\}$$

是一个闭的内射类. 对引理 7.2 取对偶, 即得 $\mathcal{I}_{\mathbb{T}}$ 是一个由单态射构成的类当且仅当 $\mathbb{T}$ 是一个忠实函子.

注意到 Auslander 和 Solberg 在文献 [13] 中利用双子函子和双函子 $\mathrm{Ext}^1_\Lambda(,)$, 建立了 Artin 代数 Λ 的相对同调理论. 随后在文献 [53] 中得到了进一步发展, Dräxler 等建立了任意正合范畴上的相对同调理论. 本章介绍的相对同调基本理论也可利用 Abelian 范畴中扩张函子的一些双子函子得到.

7.2 模-相对 Hochschild (上) 同调

首先规定一些记号. 代数 (环) 指的都是含单位元的结合代数 (环). 用 $_B\mathcal{M}$, $\mathcal{M}_A$, $_B\mathcal{M}_A$ 分别表示左 B-模范畴、右 A-模范畴以及 B-A-双模范畴. $_B M_A$ 表示 M 是 B-A-双模, 用 M^* 表示对偶 A-B-双模 $\mathrm{Hom}_B(M, B)$.

设 k 是交换环, A 和 B 是 k-代数, $A^e = A \otimes_k A^{op}$ 是 A 的包络代数. 任意的 B-B-双模 X 都可以看成是一个左 B^e-模, 模作用为 $(b_1 \otimes b_2^o) \cdot x = b_1 x b_2$, 或是一个右 B^e-模, 模作用为 $x \cdot (b_1 \otimes b_2^o) = b_2 x b_1$. 反之亦然. 因此我们常常交替使用.

给定双模 $_BM_A$, 考虑如下的伴随函子:
$$\mathbb{L}_B := M \otimes_A - : {}_A\mathcal{M}_B \longrightarrow {}_B\mathcal{M}_B,$$
$$\mathbb{R}_B := \mathrm{Hom}_B(M,-) : {}_B\mathcal{M}_B \longrightarrow {}_A\mathcal{M}_B.$$

如下由 $\mathbb{R}_B$-相对可裂态射构成的类记为
$$\mathcal{E}_{M,B} := \{f \in {}_B\mathcal{M}_B \mid \mathrm{Hom}_B(M,f) \text{ 在} {}_A\mathcal{M}_B \text{中是可裂满的}\}.$$

设 $f : X \longrightarrow Y$ 是 $_B\mathcal{M}_B$ 的一个态射, $\mathrm{Hom}_B(M,f)$ 在 $_A\mathcal{M}_B$ 中可裂满指的是, 存在 $_A\mathcal{M}_B$ 中的态射 $h : \mathrm{Hom}_B(M,Y) \longrightarrow \mathrm{Hom}_B(M,X)$ 使得 $\mathrm{Hom}_B(M,f) \circ h = \mathrm{Id}_{\mathrm{Hom}_B(M,Y)}$.

设 ε_B (或 η_B) 是伴随对 $(\mathbb{L}_B, \mathbb{R}_B)$ 的余单位 (或单位), X 是一个 B-B-双模. 定义 $\varepsilon_B(X) : M \otimes_A \mathrm{Hom}_B(M,X) \longrightarrow X$ 为 $\varepsilon_B(X)(m \otimes_A f) = f(m)$. 则由 $\mathbb{R}_B(\varepsilon_B(X)) \circ \eta_{\mathbb{R}_B(X)} = \mathrm{Id}_{\mathbb{R}_B(X)}$ 知, $\varepsilon_B(X) \in \mathcal{E}_{M,B}$.

设 $f \in \mathrm{Hom}_{B^e}(X,Y)$, $P \in {}_B\mathcal{M}_B$, 若
$$\mathrm{Hom}_{B^e}(P,f): \quad \mathrm{Hom}_{B^e}(P,X) \longrightarrow \mathrm{Hom}_{B^e}(P,Y)$$

是满的, 则称 P 是 f-投射的. 如果对每个 $f \in \mathcal{E}_{M,B}$ 都有 P 是 f-投射的, 则称 P 是 $\mathcal{E}_{M,B}$-投射的. 设 $g \in {}_B\mathcal{M}_B$, 如果在 g 的标准分解 $g = i\pi$ (其中 i 是单态射, π 是满态射) 中, 有 $\pi \in \mathcal{E}_{M,B}$, 则称 g 为 $\mathcal{E}_{M,B}$-允许的. $_B\mathcal{M}_B$ 中的一个正合序列, 如果它上面所有的态射都是 $\mathcal{E}_{M,B}$-允许的, 则称这个正合序列是 $\mathcal{E}_{M,B}$-正合的. 任取 $_BX_B \in {}_B\mathcal{M}_B$, $_BX_B$ 的一个 $\mathcal{E}_{M,B}$-投射分解是如下的 $\mathcal{E}_{M,B}$-正合序列:
$$\cdots \longrightarrow P_{n+1} \xrightarrow{d_{n+1}} P_n \xrightarrow{d_n} \cdots \xrightarrow{d_2} P_1 \xrightarrow{d_1} P_0 \xrightarrow{d_0} C \longrightarrow 0,$$

其中每个 P_n 都是 $\mathcal{E}_{M,B}$-投射的.

下面的引理给出了 $\mathcal{E}_{M,B}$-投射对象的几个等价刻画.

引理 7.3[3,定理1.4] 设 $P \in {}_B\mathcal{M}_B$, 则如下几个断言是等价的:

(a) P 是 $\mathcal{E}_{M,B}$-投射的;

(b) $\mathrm{Hom}_{B^e}(P,-)$ 是 $\mathcal{E}_{M,B}$-正合的;

(c) P 的每个 B-B-双模直和项都是 $\mathcal{E}_{M,B}$-投射的;

(d) $\varepsilon_B(P) : M \otimes_A \mathrm{Hom}_B(M,P) \longrightarrow P$ 存在截面射, 即存在 $_B\mathcal{M}_B$ 中的态射 $\beta : P \longrightarrow M \otimes_A \mathrm{Hom}_B(M,P)$, 使得 $\varepsilon_B(P) \circ \beta = \mathrm{Id}_P$;

(e) 存在某个 $X \in {}_A\mathcal{M}_B$, 使得 $\pi : \mathbb{L}_B(X) \longrightarrow P$ 是可裂满的.

特别地, 具有形式 $\mathbb{L}_B(X)$ ($X \in {}_A\mathcal{M}_B$) 的 B-B-双模都是 $\mathcal{E}_{M,B}$-投射的, 且 $\mathcal{E}_{M,B}$ 是投射类.

7.2 模-相对 Hochschild (上) 同调

注 $\mathcal{E}_{M,B}$ 总是投射类, 即

$$\mathcal{E}_{M,B} = \bar{\mathcal{E}}_{M,B} := \{f \in {}_B\mathcal{M}_B | 若 P 是 {}_B\mathcal{M}_B \text{ 中的 } \mathcal{E}_{M,B}\text{-投射对象}, 则 P 是 f\text{-投射的}\},$$

且对任意 ${}_BX_B \in {}_B\mathcal{M}_B$, 都存在 $\mathcal{E}_{M,B}$ 中态射 $f: P \longrightarrow X$, 其中 P 是 $\mathcal{E}_{M,B}$-投射的. 进一步地, 若 ${}_BM$ 是 ${}_B\mathcal{M}$ 的生成子, 则 $\mathcal{E}_{M,B}$ 是由满态射构成的投射类 (参见文献 [4, 命题 3.1]). 此时, 任意的 B-B-双模都存在 $\mathcal{E}_{M,B}$-投射分解 (在同伦意义下是唯一的), 且任意的 B-B-投射双模都是 $\mathcal{E}_{M,B}$-投射的. 因此, 对任意的 $Y \in {}_B\mathcal{M}_B$ 以及 $n \in \mathbb{Z}$, 考虑右 $\mathcal{E}_{M,B}$-导出函子 $R^n_{\mathcal{E}_{M,B}} F_Y$, 其中 $F_Y := \mathrm{Hom}_{B^e}(-, Y)$; 以及左 $\mathcal{E}_{M,B}$-导出函子 $L_n^{\mathcal{E}_{M,B}} G_Y$, 其中 $G_Y := - \otimes_{B^e} Y$. 对任意的 $X, Y \in {}_B\mathcal{M}_B$, 令

$$\mathrm{Ext}^n_{\mathcal{E}_{M,B}}(X, Y) = R^n_{\mathcal{E}_{M,B}} F_Y(X),$$

$$\mathrm{Tor}_n^{\mathcal{E}_{M,B}}(X, Y) = L_n^{\mathcal{E}_{M,B}} G_Y(X).$$

Ardizzoni 等在文献 [4] 中引入了模-相对 Hochschild 上同调的定义.

定义 7.2 设双模 ${}_BM_A$ 是 ${}_B\mathcal{M}$ 的生成子. 对任意的 $n \in \mathbb{Z}$,

$$\mathrm{H}^n_{\mathcal{E}_{M,B}}(B, Y) := \mathrm{Ext}^n_{\mathcal{E}_{M,B}}(B, Y)$$

称为 B 在 A 上系数在 ${}_BY_B$ 中的 n 阶 ${}_BM_A$-相对 Hochschild 上同调. 若取 ${}_BY_B = {}_BB_B$, 则记 $\mathrm{H}^n_{\mathcal{E}_{M,B}}(B) := \mathrm{H}^n_{\mathcal{E}_{M,B}}(B, B)$, 称为 B 在 A 上的 n 阶 ${}_BM_A$-相对 Hochschild 上同调. 若自然数 $\min\{n \in \mathbb{N} \mid \mathrm{H}^{n+1}_{\mathcal{E}_{M,B}}(B, Y) = 0, 对任意的 Y \in {}_B\mathcal{M}_B\}$ 存在, 则称它为 B 的 ${}_BM_A$-相对 Hochschild 上同调维数, 记为 $\mathrm{hch.dim}_M(B)$.

利用相对 Tor-函子, 可以相应地给出模-相对 Hochschild 同调的定义.

定义 7.3 设双模 ${}_BM_A$ 是 ${}_B\mathcal{M}$ 的生成子. 对任意的 $n \in \mathbb{Z}$,

$$\mathrm{H}_n^{\mathcal{E}_{M,B}}(B, Y) := \mathrm{Tor}_n^{\mathcal{E}_{M,B}}(B, Y),$$

称为 B 在 A 上系数在 ${}_BY_B$ 中的 n 阶 ${}_BM_A$-相对 Hochschild 同调. 若取 ${}_BY_B = {}_BB_B$, 则记 $\mathrm{H}_n^{\mathcal{E}_{M,B}}(B) := \mathrm{H}_n^{\mathcal{E}_{M,B}}(B, B)$, 称为 B 在 A 上的 n 阶 ${}_BM_A$-相对 Hochschild 同调. 若自然数 $\min\{n \in \mathbb{N} \mid \mathrm{H}_{n+1}^{\mathcal{E}_{M,B}}(B, Y) = 0, 对任意的 Y \in {}_B\mathcal{M}_B\}$ 存在, 则称它为 B 的 ${}_BM_A$-相对 Hochschild 同调维数, 记为 $\mathrm{hh.dim}_M(B)$.

设 $\varepsilon_B : \mathbb{L}_B \mathbb{R}_B \longrightarrow \mathrm{Id}_{{}_B\mathcal{M}_B}$ 是伴随对 $(\mathbb{L}_B, \mathbb{R}_B)$ 的余单位, 双模 ${}_BM_A$ 是 ${}_B\mathcal{M}$ 的生成子. 则由文献 [4, 命题 3.3] 知, 对任意的 ${}_BX_B$, 链复形

$$(\mathbb{P}_X, d_*): \quad \cdots \longrightarrow (\mathbb{L}_B \mathbb{R}_B)^2(X) \xrightarrow{d_1} \mathbb{L}_B \mathbb{R}_B(X) \xrightarrow{d_0} (\mathbb{L}_B \mathbb{R}_B)^0(X) := X \longrightarrow 0$$

是 ${}_BX_B$ 的一个 $\mathcal{E}_{M,B}$-投射分解, 称为 ${}_BX_B$ 的标准 $\mathcal{E}_{M,B}$-投射分解, 其中

$$d_n = \sum_{i=0}^n (-1)^i (\mathbb{L}_B \mathbb{R}_B)^i (\varepsilon_B((\mathbb{L}_B \mathbb{R}_B)^{n-i}(B))).$$

类似于非相对的情形, $_BM_A$-相对 Hochschild 同调与上同调也可以等价于由标准 $\mathcal{E}_{M,B}$-投射分解得到的复形的同调与上同调.

特别地, 当 $_BM_A$ 在 $_B\mathcal{M}$ 中是投射生成子时, $_BM_A$-相对 Hochschild 上同调与 (关于代数同态 $\mu: A \longrightarrow S$ 的) 相对 Hochschild(上) 同调有着紧密的联系, 其中 S 为左 B-模 M 的自同态环. 给定 k-代数同态 $\mu: A \longrightarrow S$, S 在系数 $_SZ_S$ 中 (关于 μ) 的 n 阶相对 Hochschild 上同调[72] 定义为如下上链复形

$$0 \longrightarrow \mathrm{Hom}_{A^e}(A, Z) \xrightarrow{b^0} \mathrm{Hom}_{A^e}(S, Z) \xrightarrow{b^1} \mathrm{Hom}_{A^e}(S^{\otimes_A 2}, Z) \xrightarrow{b^2} \cdots$$
$$\xrightarrow{b^{n-2}} \mathrm{Hom}_{A^e}(S^{\otimes_A(n-1)}, Z) \xrightarrow{b^{n-1}} \mathrm{Hom}_{A^e}(S^{\otimes_A n}, Z) \xrightarrow{b^n} \cdots$$

的 n 阶上同调群, 记为 $\mathrm{H}^n(S|A, Z)$. 其中对任意的 $f \in \mathrm{Hom}_{A^e}(S^{\otimes_A n}, Z)$,

$$b^n(f) = \mu_Z^l \circ (S \otimes_A f) + (-1)^{n+1} \mu_Z^r \circ (f \otimes_A S) + \sum_{i=1}^{n} (-1)^i f \circ (S^{\otimes_A(i-1)} \otimes_A m_S \otimes_A S^{\otimes_A(n-i)}).$$

这里 μ_Z^l 和 μ_Z^r 分别表示 S 在 Z 上的左、右乘法映射, $m_S: S \otimes_A S \longrightarrow S$ 是 S 中的乘法映射. 记 hch.dim$(S|A)$ 为 S 的 (关于 μ) 的 Hochschild 上同调维数, 即最小的自然数 n (如果存在) 使得对任意的 $_SZ_S$, 都有 $\mathrm{H}^{n+1}(S|A, Z) = 0$. 我们也可以类似地定义 S 在系数 $_SZ_S$ 中 (关于 μ) 的 n 阶相对 Hochschild 同调 $\mathrm{H}_n(S|A, Z)$ 及 S 在 A 上的 Hochschild 同调维数 hh.dim$(S|A)$.

关于模-相对 Hochschild 上同调与 (关于代数同态的) 相对 Hochschild 上同调, Ardizzoni 等证明了如下结论.

定理 7.3[4] 设 A, B 是 k-代数. 考虑双模 $_BM_A$, 使得 $_BM$ 是 $_B\mathcal{M}$ 中的投射生成子. 记 S 为左 B-模 M 的自同态环. 则对任意的 $_BY_B$ 及 $n \geqslant 0$,

$$\mathrm{H}^n_{\mathcal{E}_{M,B}}(B, Y) \simeq \mathrm{H}^n(S|A, M^* \otimes_B Y \otimes_B M).$$

进一步地, 对任意的 $_BY_B$, $\mathrm{H}^n_{\mathcal{E}_{M,B}}(B, Y) = 0$ 当且仅当对任意的 $_SZ_S$, $\mathrm{H}^n(S|A, Z) = 0$. 特别地,

$$\mathrm{hch.dim}_M(B) = \mathrm{hch.dim}(S|A).$$

类似地, 我们有如下关于模-相对 Hochschild 同调与 (关于代数同态的) 相对 Hochschild 同调的结论.

定理 7.4 设 A, B 是 k-代数. 考虑双模 $_BM_A$, 使得 $_BM$ 是 $_B\mathcal{M}$ 中的投射生成子. 记 S 为左 B-模 M 的自同态环. 则对任意的 $_BY_B$ 及 $n \geqslant 0$,

$$\mathrm{H}_n^{\mathcal{E}_{M,B}}(B, Y) \simeq \mathrm{H}_n(S|A, M^* \otimes_B Y \otimes_B M).$$

7.2 模-相对 Hochschild (上) 同调

进一步地, 对任意的 ${}_BY_B$, $\mathrm{H}_n^{\mathcal{E}_{M,B}}(B,Y) = 0$ 当且仅当对任意的 ${}_SZ_S$, $\mathrm{H}_n(S|A,Z) = 0$. 特别地,

$$\mathrm{hh.dim}_M(B) = \mathrm{hh.dim}(S|A).$$

证 M 作为左 B-模是有限生成的且是投射, 则函子 $\mathbb{R}_B$ 和 $M^* \otimes_B (-)_B$ 同构. 对任意的 $Y \in {}_B\mathcal{M}_B$, 令 $\mathbb{L}_B\mathbb{R}_B(Y) = D \otimes_B Y$, 其中 $D := M \otimes_A M^* = \mathbb{L}_B\mathbb{R}_B(B)$. 伴随对 $(\mathbb{L}_B, \mathbb{R}_B)$ 的余单位即为赋值态射

$$\mathrm{ev}_M : M \otimes_A M^* \longrightarrow B, \quad m \otimes_A f \mapsto f(m).$$

将张量函子 $-\otimes_{B^e} Y$ 作用在 ${}_BB_B$ 的标准 $\mathcal{E}_{M,B}$-投射分解上, 由 $D \otimes_B B \simeq D$ 可得, $\mathrm{H}_n^{\mathcal{E}_{M,B}}(B,Y)$ 等同于如下链复形

$$\cdots \longrightarrow D^{\otimes_B 3} \otimes_{B^e} Y \xrightarrow{d_2^*} D^{\otimes_B 2} \otimes_{B^e} Y \xrightarrow{d_1^*} D \otimes_{B^e} Y \xrightarrow{d_0^*} B \otimes_{B^e} Y \longrightarrow 0$$

的 n 阶同调群, 其中

$$d_n^* = \sum_{i=0}^{n+1} (-1)^i ((D^{\otimes_B i} \otimes_B \mathrm{ev}_M \otimes_B D^{\otimes_B (n+1-i)}) \otimes_{B^e} Y) \quad (n \geqslant 0).$$

又 M 作为左 B-模有限生成且是投射, 则可将 S 和 $M^* \otimes_B M$ 等同. S 中的乘法可由 $M^* \otimes_B \mathrm{ev}_M \otimes_B M$ 给出, 而 S 中的单位元可表示为对偶基元素 $\sum_{a \in I} e_a^* \otimes_B e_a$. 令 $S^{\otimes_A 0} = A$. 对 $n \geqslant 1$, 考虑如下的同构,

$$S^{\otimes_A (n-1)} \otimes_{A^e} (M^* \otimes_B Y \otimes_B M) \simeq S^{\otimes_A (n+1)} \otimes_{S^e} (M^* \otimes_B Y \otimes_B M)$$
$$\simeq S^{\otimes_A (n+1)} \otimes_{S^e} (M^* \otimes_k M) \otimes_{B^e} Y \simeq (M \otimes_S S^{\otimes_A (n+1)} \otimes_S M^*) \otimes_{B^e} Y$$
$$\simeq (M \otimes_A S^{\otimes_A (n-1)} \otimes_A M^*) \otimes_{B^e} Y \simeq D^{\otimes_B n} \otimes_{B^e} Y.$$

由链映射的定义及如上对 S 的等同, 可以验证这些同构满足如下交换图:

$$\begin{array}{ccc}
D \otimes_{B^e} Y & \xrightarrow{d_0^*} & B \otimes_{B^e} Y \\
\simeq \downarrow & & \simeq \downarrow \\
A \otimes_{A^e} (M^* \otimes_B Y \otimes_B M) & \xrightarrow{b_{-1} \otimes_{A^e} (M^* \otimes_B Y \otimes_B M)} & Y/\{by - yb \mid b \in B, y \in Y\}
\end{array}$$

以及

$$\begin{array}{ccc}
D^{\otimes_B (n+1)} \otimes_{B^e} Y & \xrightarrow{d_n^*} & D^{\otimes_B n} \otimes_{B^e} Y \\
\simeq \downarrow & & \simeq \downarrow \\
S^{\otimes_A n} \otimes_{A^e} (M^* \otimes_B Y \otimes_B M) & \xrightarrow{b_{n-1} \otimes_{A^e} (M^* \otimes_B Y \otimes_B M)} & S^{\otimes_A (n-1)} \otimes_{A^e} (M^* \otimes_B Y \otimes_B M)
\end{array}$$

从而, 对任意的 $n \geqslant 0$,

$$\mathrm{H}_n^{\mathcal{E}_{M,B}}(B,Y) \simeq \mathrm{H}_n(S|A, M^* \otimes_B Y \otimes_B M).$$

接下来只需证明对任意的 $_BY_B$, $\mathrm{H}^n_{\mathcal{E}_{M,B}}(B,Y) = 0$ 当且仅当对任意的 $_SZ_S$, $\mathrm{H}^n(S|A,Z) = 0$. 充分性显然. 下证必要性. 给定双模 $_SZ_S$, 存在 B-B-双模 $Y = M \otimes_S Z \otimes_S M^*$, 则

$$M^* \otimes_B Y \otimes_B M = M^* \otimes_B M \otimes_S Z \otimes_S M^* \otimes_B M = S \otimes_S Z \otimes_S S \simeq Z.$$

即证. □

注意到, S-A-双模 S 作为左 S 模显然是投射生成子, 从而有满态射构成的投射类 $\mathcal{E}_{S,S}$. 考虑 S 在 A 上系数在 $_SZ_S$ 中的 n 阶 $_SS_A$-相对 Hochschild 上同调 $\mathrm{H}^n_{\mathcal{E}_{S,S}}(S,Z)$ 和同调 $\mathrm{H}_n^{\mathcal{E}_{S,S}}(S,Z)$, 则立刻得出如下推论.

推论 对所有的 $n \geqslant 0$,

$$\mathrm{H}^n_{\mathcal{E}_{M,B}}(B) \simeq \mathrm{H}^n_{\mathcal{E}_{S,S}}(S,Z) \simeq \mathrm{H}^n(S|A,Z),$$
$$\mathrm{H}_n^{\mathcal{E}_{M,B}}(B) \simeq \mathrm{H}_n^{\mathcal{E}_{S,S}}(S,Z) \simeq \mathrm{H}_n(S|A,Z).$$

即模-相对 Hochschild 同调和上同调在 Morita 等价下是保持不变的.

7.3 可分双模和形式光滑双模

设 k 为交换环. 本节主要给出可分双模和形式光滑双模的上同调刻画.

定义 7.4[134] 设 A 和 B 是 k-代数. B-A-双模 M 称为 A 上的可分双模, 或称 B 是 A 上 M-可分的, 如果赋值映射

$$\mathrm{ev}_M : M \otimes_A M^* \longrightarrow B, \quad \mathrm{ev}_M(m \otimes f) = f(m)$$

作为 B-B-双模映射是可裂满的.

定义 7.5[4] 设 A 和 B 是 k-代数. B-A-双模 M 称为 A 上的形式光滑双模, 或称 B 是 A 上 M-光滑的如果赋值映射

$$\mathrm{ev}_M : M \otimes_A M^* \longrightarrow B, \quad \mathrm{ev}_M(m \otimes f) = f(m)$$

的核 $\mathrm{Ker}(\mathrm{ev}_M)$ 作为 B-B-双模是 $\mathcal{E}_{M,B}$-投射的.

如下命题给出了可分双模和形式光滑双模的上同调刻画.

命题 7.6[4] 给定 B-A-双模 M, 则如下几个断言是等价的:

(a) M 是可分双模;
(b) $\mathbb{R}_B : {_B\mathcal{M}_B} \longrightarrow {_A\mathcal{M}_B}$ 是可分函子;
(c) 任意的 B-B-双模都是 $\mathcal{E}_{M,B}$-投射的;
(d) B 是 $\mathcal{E}_{M,B}$-投射的;

(e) M 是 $_B\mathcal{M}$ 的一个生成子, 且对任意的 $Y \in {_B\mathcal{M}_B}$ 及 $n \geqslant 1$, 有 $\mathrm{H}^n_{\mathcal{E}_{M,B}}(B, X)$ $= 0$;

(f) M 是 $_B\mathcal{M}$ 的一个生成子, 且对任意的 $Y \in {_B\mathcal{M}_B}$ 及 $n \geqslant 1$, $\mathrm{H}^1_{\mathcal{E}_{M,B}}(B, X)$ $= 0$;

(g) M 是 $_B\mathcal{M}$ 的一个生成子, 且 $\mathrm{hch.dim}_M(B) = 0$.

关于形式光滑双模, 我们有如下等价刻画.

命题 7.7[4]　设 A 和 B 是 k-代数. 给定 B-A-双模 M, 使得 M 是 $_B\mathcal{M}$ 的生成子, 则如下论断是等价的:

(a) M 是形式光滑双模;

(b) 对任意的 $Y \in {_B\mathcal{M}_B}$ 及 $n \geqslant 2$, $\mathrm{H}^n_{\mathcal{E}_{M,B}}(B, X) = 0$;

(c) 对任意的 $Y \in {_B\mathcal{M}_B}$, $\mathrm{H}^2_{\mathcal{E}_{M,B}}(B, X) = 0$;

(d) $\mathrm{hch.dim}_M(B) \leqslant 1$.

回顾一下, 代数同态 $A \longrightarrow B$ 称为可分扩张, 如果乘法映射 $B \otimes_A B \longrightarrow B$ 作为 B-B-双模是可裂满的. 而形式光滑扩张则定义如下.

定义 7.6[4]　设 $\nu: A \longrightarrow B$ 是 k-代数同态. 考虑伴随对

$$\mathbb{T}: {_A\mathcal{M}_A} \longrightarrow {_B\mathcal{M}_B}, \quad \mathbb{T}(X) = B \otimes_A X \otimes_A B,$$

$$\mathbb{H}: {_B\mathcal{M}_B} \longrightarrow {_A\mathcal{M}_A}, \quad \mathbb{H}(Y) = Y,$$

则 ν 称为形式光滑扩张, 如果 $\mathrm{Ker}(m_B)$ 是 $\mathcal{E}_\mathbb{H}$-投射的. 这里 $m_B: B \otimes_A B \longrightarrow B$ 是乘法映射, $\mathcal{E}_\mathbb{H}$ 是由 $\mathbb{H}$-相对可裂态射构成的类.

由 [6, 推论 3.12] 知, 若 B 作为 monoidal 范畴 $({_A\mathcal{M}_A}, \otimes_A, A)$ 中的代数是形式光滑的, 则代数同态 $A \longrightarrow B$ 是形式光滑扩张. 关于可分和形式光滑扩张, 也有如下的上同调刻画.

命题 7.8[6]　代数同态 $\nu: A \longrightarrow B$ 是可分扩张当且仅当 $\mathrm{hch.dim}(B|A) = 0$.

命题 7.9　代数同态 $\nu: A \longrightarrow B$ 是形式光滑扩张当且仅当 $\mathrm{hch.dim}(B|A) \leqslant 1$.

证　由文献 [6] 中定理 3.8 和定理 4.42 即得.　□

7.4　一些同调事实

本节介绍一些同调事实, 这在后面章节的证明中将要用到.

设 k 是交换环. $\otimes_k$ 简记为 $\otimes$. 设 A, B 和 C 是 k-代数. A-B-双模 X 记为 $_AX_B$, 或 $_{A-B^\circ}X$, 或 $X_{A^\circ-B}$.

引理 7.4[38,命题2.1]　设有模 $(X_{A-B}, {_AY_C}, {_{B-C}Z})$, 则

$$(X \otimes_A Y) \otimes_{B \otimes C} Z \simeq X \otimes_{A \otimes B} (Y \otimes_C Z).$$

引理 7.5 设有模 $(X_A, Y_B, {}_AM, {}_BN)$, 则
$$(X \otimes_A M) \otimes (Y \otimes_B N) \simeq (X \otimes Y) \otimes_{A \otimes B} (M \otimes N).$$

引理 7.6[38,定理3.1] 设 k 是域, B 和 C 是有限维 k-代数. 若有模 $({}_BM, {}_CN, {}_BX, {}_CY)$, 且 ${}_BM$ 和 ${}_CN$ 是有限维的, 则
$$\mathrm{Hom}_B(M, X) \otimes \mathrm{Hom}_C(N, Y) \simeq \mathrm{Hom}_{B \otimes C}(M \otimes N, X \otimes Y).$$

引理 7.7[12] 设 k 是交换 Artin 环, B 和 C 是 Artin k-代数.

(a) 设有模 $(P_B, X_C, {}_BU_C)$. 若 P_B 或 X_C 是有限生成投射的, 则
$$P \otimes_B \mathrm{Hom}_C(X_C, {}_BU_C) \simeq \mathrm{Hom}_C(X_C, P \otimes_B U_C).$$

(b) 对偶地, 设有模 $({}_BP, {}_CX, {}_CU_B)$. 若 ${}_BP$ 或 ${}_CX$ 是有限生成投射的, 则
$$\mathrm{Hom}_C({}_CX, {}_CU_B) \otimes_B P \simeq \mathrm{Hom}_C({}_CX, {}_CU \otimes_B P).$$

下面的引理给出了一种得到投射双模的方法, 证明详见 [11].

引理 7.8 设 k 是交换 Artin 环, A, B 和 C 是 Artin k-代数. 假设 P 是投射 A-B-双模, 则

(a) 若 M 是 C-A-双模, 且 ${}_CM$ 和 M_A 是单边投射的, 则 $M \otimes_A P$ 是投射 C-B-双模.

(b) 类似地, 若 M 是 B-C-双模且满足 ${}_BM$ 和 M_C 是单边投射的, 则 $P \otimes_B M$ 是投射 A-C-双模.

引理 7.9[56,定理3.2.22] 给定环 R 和右 R-模 M, 如下论断是等价的:

(a) M 是有限表现的 (finitely presented).

(b) 对任意一族左 R-模 $(A_i)_I$, 都有 $\tau: M \otimes_R \prod_I A_i \longrightarrow \prod_I M \otimes_R A_i$ 是一个同构映射.

第 8 章 某些特殊构造下代数的模-相对 Hochschild (上) 同调

本章将研究几类特殊构造: 基础环扩张代数、代数的直积、代数的张量积的模-相对 Hochschild (上) 同调及形式光滑性问题, 其中关于代数直积的结论将在第 9 章用到.

8.1 基础环扩张

设 k 是交换环. 简记 $\otimes_k$ 为 $\otimes$. 考虑由 k 的基础环扩张得到的交换 k-代数 R. 由每一个 k-代数 B, 都可得到一个 R-代数 $B^R = R \otimes B$. 本节将证明若 R 作为 k-模是有限生成投射的, 则代数 B^R 的模-相对 Hochschild (上) 同调完全由代数 B 的模-相对 Hochschild (上) 同调确定. 进一步地, 若 k 是域, 则 B^R 是形式光滑代数当且仅当 B 是形式光滑的.

环同态 $i_k : k \longrightarrow R$ 和 $i_B : B \longrightarrow B^R$ 分别定义为 $i_k(k_1) = k_1 1_R$ 和 $i_B(b) = 1_R \otimes b$. 因此, 通过基础环扩张得到代数之间的变换 $(i_k, i_B) : (k, B) \longrightarrow (R, B^R)$. 每一个 B^R-模或双模都可以通过 i_B 作成 B-模或双模. 而每一个 B-模 M 决定了一个 B^R-模 $M^R = R \otimes M$, 以及一个 B-模同态映射

$$i_M : M \longrightarrow M^R, \quad i_M(m) = 1_R \otimes m.$$

任意的 B-模态射 $\mu : M \longrightarrow N$ 确定了一个 B^R-模态射

$$\mu^R : M^R \longrightarrow N^R, \quad \mu^R(r \otimes m) = r \otimes \mu m.$$

从而 $\mu^R i_M = i_N \mu^R$. 设 T^R 是 B-模范畴到 B^R-模范畴上的共变函子, $T^R(M) = M^R$, $T^R(\mu) = \mu^R$. 这个函子具有一些很好的性质.

引理 8.1 设 R 是交换 k-代数, A 和 B 是任意的两个 k-代数. 若 R 作为 k-模是有限生成投射的, 则对任意的 B-模 M 和 N, 有如下 k-模同构

$$R \otimes \mathrm{Hom}_B(M, N) \simeq \mathrm{Hom}_{R \otimes B}(R \otimes M, R \otimes N).$$

证 设 $\varphi : R \otimes \mathrm{Hom}_B(M, N) \longrightarrow \mathrm{Hom}_{R \otimes B}(R \otimes M, R \otimes N)$ 定义为 $r \otimes g \mapsto g_r$, 其中 $g_r(r' \otimes m) = rr' \otimes g_r(m)$. 显然 g_r 是一个 $R \otimes B$-映射, 且当 $M = B$ 时它是一个同构映射.

将函子 $R \otimes -$ 和 $\mathrm{Hom}_B(M, -)$ 分别作用于左 B-模正合序列

$$\coprod_J B \longrightarrow \coprod_I B \longrightarrow M \longrightarrow 0,$$

可得以下两个正合序列

$$R \otimes \coprod_J B \longrightarrow R \otimes \coprod_I B \longrightarrow R \otimes M \longrightarrow 0,$$

$$0 \longrightarrow \mathrm{Hom}_B(M, N) \longrightarrow \mathrm{Hom}_B\left(\coprod_I B, N\right) \longrightarrow \mathrm{Hom}_B\left(\coprod_J B, N\right).$$

注意到,

$$\mathrm{Hom}_{R \otimes B}\left(R \otimes \coprod_I B, R \otimes N\right) \simeq \mathrm{Hom}_{R \otimes B}\left(\coprod_I (R \otimes B), R \otimes N\right)$$

$$\simeq \prod_I \mathrm{Hom}_{R \otimes B}(R \otimes B, R \otimes N)$$

$$\simeq \prod_I (R \otimes N),$$

$$R \otimes \mathrm{Hom}_B\left(\coprod_I B, N\right) \simeq R \otimes \prod_I \mathrm{Hom}_B(B, N) \simeq R \otimes \prod_I N.$$

又 R 作为 k-模是有限生成投射的, 则对任意的指标集 I, 由引理 7.9 知

$$R \otimes \prod_I B \simeq \prod_I (R \otimes B).$$

从而有以下交换图, 其中每一行都是正合序列:

$$\begin{array}{ccccccc}
0 & \longrightarrow & \mathrm{Hom}_{R \otimes B}(R \otimes M, R \otimes M) & \longrightarrow & \prod_I (R \otimes M) & \longrightarrow & \prod_J (R \otimes M) \\
& & \downarrow \varphi & & \downarrow \simeq & & \downarrow \simeq \\
0 & \longrightarrow & R \otimes \mathrm{Hom}_B(M, N) & \longrightarrow & R \otimes \prod_J N & \longrightarrow & R \otimes \prod_J N
\end{array}$$

由后面两个垂直映射是同构映射导出第一个垂直映射 φ 也是同构映射. 即证. □

设 A 和 B 是 k-代数, 则有 R-代数 A^R 和 B^R. 由引理 7.5 和引理 8.1, 可得以下命题.

命题 8.1 设 R 是交换 k-代数, A 和 B 是任意的 k-代数, 则

(1) 若 R 作为 k-模是有限生成投射的, 则对任意的 $_BM_A$ 和 $_BN$, 我们有以下左 A^R-模同构:

$$\mathrm{Hom}_{B^R}((M^R)_{A^R}, N^R) \simeq \mathrm{Hom}_B(M_A, N)^R.$$

8.1 基础环扩张

(2) 对任意的 $_BM_A$ 和 $_AN$, 有左 B^R-模同构:

$$_{B^R}M^R \otimes_{A^R} N^R \simeq (M \otimes_A N)^R.$$

给定双模 $_BM_A$, 则有双模 $_{B^R}(M^R)_{A^R}$. 考虑如下伴随对

$$\mathbb{L}_B := M \otimes_A - : {_A\mathcal{M}_B} \longrightarrow {_B\mathcal{M}_B},$$
$$\mathbb{R}_B := \mathrm{Hom}_B(M,-) : {_B\mathcal{M}_B} \longrightarrow {_A\mathcal{M}_B}$$

和

$$\mathbb{L}_{B^R} := M^R \otimes_{A^R} - : {_{A^R}\mathcal{M}_{B^R}} \longrightarrow {_{B^R}\mathcal{M}_{B^R}},$$
$$\mathbb{R}_{B^R} := \mathrm{Hom}_{B^R}(M^R,-) : {_{B^R}\mathcal{M}_{B^R}} \longrightarrow {_{A^R}\mathcal{M}_{B^R}}.$$

令

$$\mathcal{E}_{M,B} := \{f \in {_B\mathcal{M}_B} \mid \mathrm{Hom}_B(M,f) \text{ 在 } {_A\mathcal{M}_B} \text{ 中是可裂满的}\},$$
$$\mathcal{E}_{M^R,B^R} := \{f \in {_{B^R}\mathcal{M}_{B^R}} \mid \mathrm{Hom}_{B^R}(M^R,f) \text{ 在 } {_{A^R}\mathcal{M}_{B^R}} \text{ 中是可裂满的}\}.$$

引理 8.2 设双模 $_BM_A$ 是 $_B\mathcal{M}$ 的生成子, 则 $_{B^R}(M^R)_{A^R}$ 是 $_{B^R}\mathcal{M}$ 的生成子.

证 因为 $_BM_A$ 是 $_B\mathcal{M}$ 的生成子, 所以作为左 B-模, B 同构于若干 $_B M$ 的直和的一个直和项. 因此作为左 B^R-模, $B^R = R \otimes B$ 也是若干 $M^R = R \otimes M$ 的直和的一个直和项. 即证. □

假定双模 $_BM_A$ 是 $_B\mathcal{M}$ 的一个生成子, 则 $_{B^R}(M^R)_{A^R}$ 是 $_{B^R}\mathcal{M}$ 的一个生成子. 从而 $\mathcal{E}_{M,B}$ 和 $\mathcal{E}_{M^R,B^R}$ 都是由满态射构成的投射类. 则对任意的双模 $_BY_B$, 扩张代数 B^R 在 A^R 上、系数在 B^R-双模 Y^R 中的模-相对 Hochschild (上) 同调完全由 B 在 A 上、系数在 $_BY_B$ 中的模-相对 Hochschild (上) 同调所决定.

定理 8.1 设 R 是交换 k-代数且作为 k-模是有限生成投射的, A 和 B 是任意 k-代数. 给定双模 $_BM_A$, 使得 $_BM$ 是 $_B\mathcal{M}$ 的生成子, 则对任意的 B-B-双模 Y 及 $n \geqslant 0$, 有

$$\mathrm{H}^n_{\mathcal{E}_{M^R,B^R}}(B^R, Y^R) \simeq R \otimes \mathrm{H}^n_{\mathcal{E}_{M,B}}(B,Y),$$
$$\mathrm{H}_n^{\mathcal{E}_{M^R,B^R}}(B^R, Y^R) \simeq R \otimes \mathrm{H}_n^{\mathcal{E}_{M,B}}(B,Y).$$

进一步地, 当 k 是域时,

$$\mathrm{hch.dim}_{M^R}(B^R) = \mathrm{hch.dim}_M(B),$$

$$\mathrm{hh.dim}_{M^R}(B^R) = \mathrm{hh.dim}_M(B).$$

证 设 $\mathbb{P}_B$ 为 ${}_BB_B$ 的标准 $\mathcal{E}_{M,B}$-投射分解, $\mathbb{P}_{B^R}$ 是 $B^R \in {}_{B^R}\mathcal{M}_{B^R}$ 的标准 $\mathcal{E}_{M^R,B^R}$-投射分解. 对任意的 B-B-双模 X,

$$\begin{aligned}(\mathbb{L}_{B^R}\mathbb{R}_{B^R})(X^R) &= {}_{B^R}(M^R) \otimes_{A^R} \mathrm{Hom}_{B^R}((M^R)_{A^R}, X^R) \\ &\simeq {}_{B^R}(M^R) \otimes_{A^R} \mathrm{Hom}_B(M_A, X)^R \\ &\simeq (M \otimes_A \mathrm{Hom}_B(M_A, X))^R \\ &= ((\mathbb{L}_B\mathbb{R}_B)(X))^R.\end{aligned}$$

特别地, 我们有

$$(\mathbb{L}_{B^R}\mathbb{R}_{B^R})^n(B^R) \simeq ((\mathbb{L}_B\mathbb{R}_B)^n(B))^R.$$

将函子 $-\otimes_{(B^R)^e} Y$ 作用于投射分解 $\mathbb{P}_{B^R}$ 上. 由

$$(B^R)^e = B^R \otimes_R (B^R)^{op} \simeq (B^e)^R,$$

我们有

$$\begin{aligned}&(\mathbb{L}_{B^R}\mathbb{R}_{B^R})^n(B^R) \otimes_{(B^R)^e} Y^R \\ &\simeq ((\mathbb{L}_B\mathbb{R}_B)^n(B))^R \otimes_{(B^R)^e} Y^R \\ &\simeq ((\mathbb{L}_B\mathbb{R}_B)^n(B))^R \otimes_{(B^e)^R} Y^R \\ &\simeq R \otimes ((\mathbb{L}_B\mathbb{R}_B)^n(B) \otimes_{B^e} Y),\end{aligned}$$

其中第三个同构由命题 8.1(2) 即得. 又 R 作为 k-模是投射的, 所以 $R \otimes -$ 保持单同态和同态的核. 因此, 对任意的 $n \geqslant 0$,

$$\mathrm{H}_n^{\mathcal{E}_{M^R,B^R}}(B^R, Y^R) \simeq R \otimes \mathrm{H}_n^{\mathcal{E}_{M,B}}(B, Y).$$

将函子 $\mathrm{Hom}_{(B^R)^e}(-, Y^R)$ 作用于 $\mathbb{P}_{B^R}$ 上, 则有

$$\begin{aligned}&\mathrm{Hom}_{(B^R)^e}((\mathbb{L}_{B^R}\mathbb{R}_{B^R})^n(B^R), Y^R) \\ &\simeq \mathrm{Hom}_{(B^e)^R}(((\mathbb{L}_B\mathbb{R}_B)^n(B))^R, Y^R) \\ &\simeq R \otimes \mathrm{Hom}_{B^e}((\mathbb{L}_B\mathbb{R}_B)^n(B), Y),\end{aligned}$$

其中第二个同构由命题 8.1(1) 即得. 同样的讨论, 可得对任意的 $n \geqslant 0$,

$$\mathrm{H}^n_{\mathcal{E}_{M^R,B^R}}(B^R, Y^R) \simeq R \otimes \mathrm{H}^n_{\mathcal{E}_{M,B}}(B, Y).$$

下证最后一个结论. 假设 k 是域. 由 R 是有限生成 k-模, 即得

$$\mathrm{H}^n_{\mathcal{E}_{M^R,B^R}}(B^R, Y^R) \simeq R \otimes \mathrm{H}^n_{\mathcal{E}_{M,B}}(B, Y) = 0 \Leftrightarrow \mathrm{H}^n_{\mathcal{E}_{M,B}}(B, Y) = 0,$$

$$\mathrm{H}_n^{\mathcal{E}_{M^R,B^R}}(B^R,Y^R) \simeq R \otimes \mathrm{H}_n^{\mathcal{E}_{M,B}}(B,Y) = 0 \Leftrightarrow \mathrm{H}_n^{\mathcal{E}_{M,B}}(B,Y) = 0.$$

即证. □

推论 1 设 R 是交换 k-代数且作为 k-模是有限生成投射的, A 和 B 是任意的 k-代数. 给定双模 ${}_BM_A$, 使得 ${}_BM$ 是 ${}_B\mathcal{M}$ 的生成子. 则对任意的 $n \geqslant 0$,

$$\mathrm{H}^n_{\mathcal{E}_{M^R,B^R}}(B^R) \simeq R \otimes \mathrm{H}^n_{\mathcal{E}_{M,B}}(B),$$

$$\mathrm{H}_n^{\mathcal{E}_{M^R,B^R}}(B^R) \simeq R \otimes \mathrm{H}_n^{\mathcal{E}_{M,B}}(B).$$

上面推论即说明, 扩张代数 B^R 的模-相对 Hochschild (上) 同调完全由 B 的模-相对 Hochschild (上) 同调所决定.

由定理 8.1, 以及命题 7.6 和命题 7.7 中对可分性及形式光滑性的上同调刻画, 立刻得到如下推论.

推论 2 设 k 是域. B^R 是 M^R-光滑的 (或可分的) 当且仅当 B 是 M-光滑的 (或可分的).

8.2 代数的直积

本节探讨代数直积的模-相对 Hochschild(上) 同调与其因子代数的模-相对 Hochschild(上) 同调之间的关系. 这将在第 9 章中用到, 它将对一般代数上的模-相对 Hochschild(上) 同调的讨论转化为对不可分解代数的讨论.

设 A, B, C 是 k-代数. B 和 C 的直积 $\Lambda := B \times C$ 仍是 k-代数. 设 e_B, e_C 分别为 B 和 C 的单位元, 则 (e_B, e_C) 为 Λ 的单位元. 给定双模 ${}_BM_A$ 和 ${}_CN_A$, $M \oplus N$ 作成 Λ-A-双模. 我们有如下伴随对:

$$(\mathbb{L}_B = M \otimes_A -, \mathbb{R}_B = \mathrm{Hom}_B(M,-)),$$

$$(\mathbb{L}_C = N \otimes_A -, \mathbb{R}_C = \mathrm{Hom}_C(N,-)),$$

$$(\mathbb{L}_\Lambda = (M \oplus N) \otimes_A -, \mathbb{R}_\Lambda = \mathrm{Hom}_\Lambda(M \oplus N,-)).$$

考虑投射类 $\mathcal{E}_{M,B}, \mathcal{E}_{N,C}$ 以及 $\mathcal{E}_{M \oplus N, \Lambda}$, 则容易验证以下引理.

引理 8.3 设 ${}_BM_A, {}_CN_A$ 分别作为左 B-模和左 C-模是生成子, 则 ${}_\Lambda(M \oplus N)$ 作为左 Λ-模是生成子, 且 $\mathcal{E}_{M,B}, \mathcal{E}_{N,C}$ 和 $\mathcal{E}_{M \oplus N, \Lambda}$ 都是由满态射构成的投射类.

引理 8.4 ${}_\Lambda\mathcal{M}_\Lambda$ 中的正合序列 $0 \longrightarrow X \xrightarrow{f} Y \xrightarrow{g} Z \longrightarrow 0$ 是 $\mathcal{E}_{M \oplus N, \Lambda}$-正合当且仅当

$$0 \longrightarrow e_B X e_B \xrightarrow{f_1} e_B Y e_B \xrightarrow{g_1} e_B Z e_B \longrightarrow 0$$

是 $\mathcal{E}_{M,B}$-正合且

$$0 \longrightarrow e_C X e_C \xrightarrow{f_2} e_C Y e_C \xrightarrow{g_2} e_C Z e_C \longrightarrow 0$$

是 $\mathcal{E}_{N,C}$-正合, 其中

$$f = \begin{pmatrix} f_1 & 0 \\ 0 & f_2 \end{pmatrix}, \quad g = \begin{pmatrix} g_1 & 0 \\ 0 & g_2 \end{pmatrix}.$$

证 仅需证明 $g \in \mathcal{E}_{M \oplus N, \Lambda} \Leftrightarrow g_1 \in \mathcal{E}_{M,B}, g_2 \in \mathcal{E}_{N,C}$. 注意到正合列

$$0 \longrightarrow X \xrightarrow{f} Y \xrightarrow{g} Z \longrightarrow 0$$

可以写成

$$0 \longrightarrow e_B X e_B \xrightarrow{f_1} e_B Y e_B \xrightarrow{g_1} e_B Z e_B \longrightarrow 0$$

和

$$0 \longrightarrow e_C X e_C \xrightarrow{f_2} e_C Y e_C \xrightarrow{g_2} e_C Z e_C \longrightarrow 0$$

两个正合列的直和, 且

$$\mathrm{Hom}_\Lambda(M \oplus N, g) = \begin{pmatrix} \mathrm{Hom}_B(M, g_1) & 0 \\ 0 & \mathrm{Hom}_C(N, g_2) \end{pmatrix}.$$

而 $\mathrm{Hom}_\Lambda(M \oplus N, g)$ 在 ${}_A\mathcal{M}_\Lambda$ 中是可裂满当且仅当 $\mathrm{Hom}_B(M, g_1)$ 和 $\mathrm{Hom}_C(N, g_2)$ 分别在 ${}_A\mathcal{M}_B$ 和 ${}_A\mathcal{M}_C$ 中可裂满. 即证. $\square$

引理 8.5 ${}_BP_B$ 是 $\mathcal{E}_{M,B}$-投射的当且仅当它是 $\mathcal{E}_{M \oplus N, \Lambda}$-投射的.

证 对任意的 Λ^e-模 X,

$$\mathrm{Hom}_{\Lambda^e}(P, X) = \mathrm{Hom}_{B^e}(P, e_B X e_B).$$

设 P 是 $\mathcal{E}_{M,B}$-投射的. 函子 $(e_B - e_B)$ 把 $\mathcal{E}_{M \oplus N, \Lambda}$-正合序列变成 $\mathcal{E}_{M,B}$-正合序列, 且 $\mathrm{Hom}_{B^e}(P, -)$ 是 $\mathcal{E}_{M,B}$-正合的, 从而 $\mathrm{Hom}_{\Lambda^e}(P, -)$ 是 $\mathcal{E}_{M \oplus N, \Lambda}$-正合的. 即 P 是 $\mathcal{E}_{M \oplus N, \Lambda}$-投射的. 反之显然. $\square$

定理 8.2 设 $\mathbb{P}_X, \mathbb{P}_Y$ 分别为双模 ${}_BX_B, {}_CY_C$ 的 $\mathcal{E}_{M,B}$-投射分解和 $\mathcal{E}_{N,C}$-投射分解, 则 $\mathbb{P}_X \oplus \mathbb{P}_Y$ 是双模 ${}_\Lambda(X \oplus Y)_\Lambda$ 的 $\mathcal{E}_{M \oplus N, \Lambda}$-投射分解. 从而对任意的双模 ${}_\Lambda Z_\Lambda$ 及 $n \geqslant 0$,

$$\mathrm{Ext}^n_{\mathcal{E}_{M \oplus N, \Lambda}}(X \oplus Y, Z) \simeq \mathrm{Ext}^n_{\mathcal{E}_{M,B}}(X, e_B Z e_B) \oplus \mathrm{Ext}^n_{\mathcal{E}_{N,C}}(Y, e_C Z e_C),$$

$$\mathrm{Tor}_n^{\mathcal{E}_{M \oplus N, \Lambda}}(X \oplus Y, Z) \simeq \mathrm{Tor}_n^{\mathcal{E}_{M,B}}(X, e_B Z e_B) \oplus \mathrm{Tor}_n^{\mathcal{E}_{N,C}}(Y, e_C Z e_C).$$

证 由引理 8.4 和引理 8.5, $\mathbb{P}_X \oplus \mathbb{P}_Y$ 是 $_\Lambda(X \oplus Y)_\Lambda$ 的 $\mathcal{E}_{M \oplus N, \Lambda}$-投射分解. 又对任意的双模 $_\Lambda Z_\Lambda$,

$$(\mathbb{P}_X \oplus \mathbb{P}_Y) \otimes_{\Lambda^e} Z = (\mathbb{P}_X \oplus \mathbb{P}_Y) \otimes_{\Lambda^e} (e_B Z e_B \oplus e_C Z e_C)$$
$$= \mathbb{P}_X \otimes_{B^e} e_B Z e_B \oplus \mathbb{P}_Y \otimes_{C^e} e_C Z e_C,$$
$$\mathrm{Hom}_{\Lambda^e}(\mathbb{P}_X \oplus \mathbb{P}_Y, Z) = \mathrm{Hom}_{\Lambda^e}(\mathbb{P}_X \oplus \mathbb{P}_Y, e_B Z e_B \oplus e_C Z e_C)$$
$$= \mathrm{Hom}_{B^e}(\mathbb{P}_X, e_B Z e_B) \oplus \mathrm{Hom}_{C^e}(\mathbb{P}_Y, e_C Z e_C).$$

取同调即得结论. □

推论 1 对任意的双模 $_\Lambda Z_\Lambda$ 及 $n \geqslant 0$, 有

$$\mathrm{H}^n_{\mathcal{E}_{M \oplus N, \Lambda}}(\Lambda, Z) \simeq \mathrm{H}^n_{\mathcal{E}_{M, B}}(B, e_B Z e_B) \oplus \mathrm{H}^n_{\mathcal{E}_{N, C}}(C, e_C Z e_C),$$
$$\mathrm{H}_n^{\mathcal{E}_{M \oplus N, \Lambda}}(\Lambda, Z) \simeq \mathrm{H}_n^{\mathcal{E}_{M, B}}(B, e_B Z e_B) \oplus \mathrm{H}_n^{\mathcal{E}_{N, C}}(C, e_C Z e_C).$$

进一步地,

$$\mathrm{hch.dim}_{M \oplus N}(\Lambda) = \max\{\mathrm{hch.dim}_M(B), \mathrm{hch.dim}_N(C)\},$$
$$\mathrm{hh.dim}_{M \oplus N}(\Lambda) = \max\{\mathrm{hh.dim}_M(B), \mathrm{hh.dim}_N(C)\}.$$

利用推论 1, 通过模-相对 Hochschild 上同调对可分双模及形式光滑双模的刻画, 我们有如下推论.

推论 2 Λ 在 A 上是 $M \oplus N$-光滑的 (或可分的) 当且仅当 B 在 A 上是 M-光滑的 (或可分的) 且 C 在 A 上是 N-光滑的 (或可分的).

8.3 代数的张量积

本节主要考察代数张量积的模-相对 Hochschild (上) 同调. 我们知道, 代数张量积通常的 Hochschild (上) 同调可由其因子代数的各阶 Hochschild (上) 同调给出. 本节将证明张量积代数的模-相对 Hochschild (上) 同调, 也可由其因子代数的各阶模-相对 Hochschild (上) 同调给出.

设 k 是域, A 是 k-代数, B 和 C 是有限维 k-代数. 用 $\otimes$ 表示 $\otimes_k$. B 和 C 的张量积代数为 $B \otimes C$. 给定双模 $_B X_B$ 和 $_C Y_C$, $X \otimes Y$ 是 $B \otimes C$-双模, 左模作用为 $(b \otimes c)(x \otimes y) = bx \otimes cy$, 类似地可定义右模作用. 记 $\Lambda = B \otimes C$, $\tilde{A} = A \otimes A$.

给定双模 $_B M_A$ 和 $_C N_A$, M 和 N 的张量积 $M \otimes N$ 作成一个 Λ-$\tilde{A}$-双模. 考虑如下伴随对

$$(\mathbb{L}_B = M \otimes_A -, \mathbb{R}_B = \mathrm{Hom}_B(M, -)),$$
$$(\mathbb{L}_C = N \otimes_A -, \mathbb{R}_C = \mathrm{Hom}_C(N, -)),$$

$$(\mathbb{L}_\Lambda = (M \otimes N) \otimes_{\tilde{A}} -, \mathbb{R}_\Lambda = \mathrm{Hom}_\Lambda(M \otimes N, -)).$$

则有三个类 $\mathcal{E}_{M,B}$, $\mathcal{E}_{N,C}$ 和 $\mathcal{E}_{M\otimes N,\Lambda}$.

引理 8.6 设 $_BM_A$ 和 $_CN_A$ 分别是 $_B\mathcal{M}$ 和 $_C\mathcal{M}$ 的生成子,则 $_\Lambda(M \otimes N)_{\tilde{A}}$ 是 $_\Lambda\mathcal{M}$ 的生成子,且 $\mathcal{E}_{M,B}$, $\mathcal{E}_{N,C}$ 和 $\mathcal{E}_{M\otimes N,\Lambda}$ 都是由满态射构成的投射类.

证 因为 $_BM$ 和 $_CN$ 分别是 $_B\mathcal{M}$ 和 $_C\mathcal{M}$ 的生成子,因此作为 B-模,B 是若干 M 的直和的一个直和项; 作为 C-模,C 是若干 N 的直和的一个直和项. 从而 $B \otimes N$ 作为 Λ-模是若干 $M \otimes N$ 的直和的一个直和项. 即 $M \otimes N$ 是 $_\Lambda\mathcal{M}$ 的生成子. □

8.3.1 模-相对投射分解

总假定双模 $_BM_A$ 和 $_CN_A$ 分别是 $_B\mathcal{M}$ 和 $_C\mathcal{M}$ 中的有限维生成子.

为了给出张量积代数的模-相对投射分解,我们需要如下关于同调乘积的引理,来源于文献 [108, 定理 VIII.1.1].

引理 8.7 设 B 和 C 是 k-代数. 对任意模 U_B 和 V_C,以及左 B-模复形 $\mathbb{X}$ 和左 C-模复形 $\mathbb{Y}$,都有

$$\bigoplus_{p+q=n} \mathrm{H}_p(U \otimes_B \mathbb{X}) \otimes \mathrm{H}_q(V \otimes_C \mathbb{Y}) \simeq \mathrm{H}_n((U \otimes V) \otimes_{B \otimes C} (\mathbb{X} \otimes \mathbb{Y})).$$

设 $f: \mathbb{X} \longrightarrow \mathbb{X}'$ 和 $g: \mathbb{Y} \longrightarrow \mathbb{Y}'$ 是链映射,则

$$(f \otimes g)(x \otimes y) = f(x) \otimes g(y)$$

确定了链映射

$$f \otimes g: \mathbb{X} \otimes \mathbb{Y} \longrightarrow \mathbb{X}' \otimes \mathbb{Y}'.$$

本节中符号 "$f \simeq g$": $\mathbb{X} \longrightarrow \mathbb{X}'$ 表示链映射 f 和 g 是链同伦等价的. 对于链同伦,我们有以下引理[108,命题 V.9.1].

引理 8.8 若 $f_1 \simeq f_2: \mathbb{X} \longrightarrow \mathbb{X}'$,$g_1 \simeq g_2: \mathbb{Y} \longrightarrow \mathbb{Y}'$,则

$$f_1 \otimes g_1 \simeq f_2 \otimes g_2: \mathbb{X} \otimes \mathbb{Y} \longrightarrow \mathbb{X}' \otimes \mathbb{Y}'.$$

为了建立 Λ 在 $\tilde{A}$ 上的 $M \otimes N$-Hochschild (上) 同调与其因子代数 B 和 C 分别在 A 上的 M-Hochschild (上) 同调和 N-Hochschild (上) 同调之间的关系,我们需要以下关于 Λ-Λ-双模 $X \otimes Y$ 的 $\mathcal{E}_{M\otimes N,\Lambda}$-投射分解的结论,其中 X, Y 分别为任意的 B-B-双模和 C-C-双模.

命题 8.2 设 $\mathbb{P}_X \xrightarrow{d_0} {_BX_B}$ 和 $\mathbb{P}_Y \xrightarrow{\sigma_0} {_CY_C}$ 分别为 $_BX_B$ 和 $_CY_C$ 的标准 $\mathcal{E}_{M,B}$-投射分解和标准 $\mathcal{E}_{N,C}$-投射分解,则 $\mathbb{P}_X \otimes \mathbb{P}_Y \longrightarrow {_\Lambda(X \otimes Y)_\Lambda}$ 是 $_\Lambda(X \otimes Y)_\Lambda$ 的一个 $\mathcal{E}_{M\otimes N,\Lambda}$-投射分解.

8.3 代数的张量积

证 设

$$F := \mathbb{L}_B \mathbb{R}_B(-), \quad G := \mathbb{L}_C \mathbb{R}_C(-),$$

则 $\mathbb{P}_X$ 和 $\mathbb{P}_Y$ 分别为

$$(\mathbb{P}_X, d_*): \quad \cdots \longrightarrow F^n X \longrightarrow F^{n-1} X \longrightarrow \cdots \longrightarrow F^2 X \longrightarrow FX \longrightarrow 0$$

和

$$(\mathbb{P}_Y, \sigma_*): \quad \cdots \longrightarrow G^n Y \longrightarrow G^{n-1} Y \longrightarrow \cdots \longrightarrow G^2 Y \longrightarrow GY \longrightarrow 0,$$

其中 FX 和 GY 的次数都为零.

首先证明对任意的 $n \geqslant 0$, $(\mathbb{P}_X \otimes \mathbb{P}_Y)_n$ 都是 $\mathcal{E}_{M \otimes N, \Lambda}$-投射的. 注意到, 对任意的 $p, q \geqslant 1$,

$$\begin{aligned}
(\mathbb{P}_X \otimes \mathbb{P}_Y)_n &= \bigoplus_{p+q=n+2} F^p X \otimes G^q Y = \bigoplus_{p+q=n+2} F(F^{p-1} X) \otimes G(G^{q-1} Y) \\
&= \bigoplus_{p+q=n+2} (M \otimes_A \operatorname{Hom}_B(M, F^{p-1} X)) \otimes (N \otimes_A \operatorname{Hom}_C(N, G^{q-1} Y)) \\
&\simeq \bigoplus_{p+q=n+2} (M \otimes N) \otimes_{\tilde{A}} (\operatorname{Hom}_B(M, F^{p-1} X)) \otimes \operatorname{Hom}_C(N, G^{q-1} Y)) \\
&\simeq \bigoplus_{p+q=n+2} (M \otimes N) \otimes_{\tilde{A}} \operatorname{Hom}_{B \otimes C}(M \otimes N, F^{p-1} X \otimes G^{q-1} Y).
\end{aligned}$$

又因为所有具有形式 $(M \otimes N) \otimes_{\tilde{A}} \operatorname{Hom}_\Lambda(M \otimes N, Z)$, $Z \in {}_\Lambda \mathcal{M}_\Lambda$ 的 Λ-Λ-双模都是 $\mathcal{E}_{M \otimes N, \Lambda}$-投射的, 所以由上面同构, 显然 $(\mathbb{P}_X \otimes \mathbb{P}_Y)_n$ 是 $\mathcal{E}_{M \otimes N, \Lambda}$-投射的.

接下来证明复形

$$\widehat{\mathbb{P}_X \otimes \mathbb{P}_Y}: \mathbb{P}_X \otimes \mathbb{P}_Y \longrightarrow X \otimes Y \longrightarrow 0$$

是 $\mathcal{E}_{M \otimes N, \Lambda}$-正合的. 由引理 8.7, 容易验证复形 $\widehat{\mathbb{P}_X \otimes \mathbb{P}_Y}$ 是正合的. 事实上, 取

$$U = B, \quad V = C, \quad \mathbb{X} = \mathbb{P}_X, \quad \mathbb{Y} = \mathbb{P}_Y.$$

因为 $\mathbb{P}_X$ 和 $\mathbb{P}_Y$ 在次数 $\geqslant 1$ 处都是正合的, 因此对任意的 $n \geqslant 1$,

$$\operatorname{H}_n(\mathbb{P}_X \otimes \mathbb{P}_Y) = \bigoplus_{p+q=n} \operatorname{H}_p(\mathbb{P}_X) \otimes \operatorname{H}_q(\mathbb{P}_Y) = 0.$$

当 $n = 0$ 时,

$$\operatorname{H}_0(\mathbb{P}_X \otimes \mathbb{P}_Y) = \operatorname{H}_0(\mathbb{P}_X) \otimes \operatorname{H}_0(\mathbb{P}_Y) = X \otimes Y.$$

即得复形 $\widehat{\mathbb{P}_X \otimes \mathbb{P}_Y}$ 是 $\mathcal{E}_{M \otimes N, \Lambda}$-正合的.

将函子 $\mathrm{Hom}_\Lambda(M\otimes N,-)$ 作用于 $\widehat{\mathbb{P}_X\otimes\mathbb{P}_Y}$, 我们只需证明

$$\mathrm{Hom}_\Lambda(M\otimes N,\widehat{\mathbb{P}_X\otimes\mathbb{P}_Y}): \mathrm{Hom}_\Lambda(M\otimes N,\mathbb{P}_X\otimes\mathbb{P}_Y)\longrightarrow\mathrm{Hom}_\Lambda(M\otimes N,X\otimes Y)\longrightarrow 0$$

在 ${}_{\tilde{A}}\mathcal{M}_\Lambda$ 中是可裂正合的.

令

$$(\mathbb{P}_X\otimes\mathbb{P}_Y)_{-1}=X\otimes Y.$$

作为 $\tilde{A}$-Λ-模,

$$\mathrm{Hom}_\Lambda(M\otimes N,(\mathbb{P}_X\otimes\mathbb{P}_Y)_{-1})=\mathrm{Hom}_\Lambda(M\otimes N,X\otimes Y)$$
$$\simeq\mathrm{Hom}_B(M,X)\otimes\mathrm{Hom}_C(N,Y),$$

且对任意的 $p,q\geqslant 1$,

$$\mathrm{Hom}_\Lambda(M\otimes N,(\mathbb{P}_X\otimes\mathbb{P}_Y)_n)=\mathrm{Hom}_\Lambda\left(M\otimes N,\bigoplus_{p+q=n+2}F^pX\otimes G^qY\right)$$
$$\simeq\bigoplus_{p+q=n+2}\mathrm{Hom}_\Lambda(M\otimes N,F^pX\otimes G^qY)$$
$$\simeq\bigoplus_{p+q=n+2}\mathrm{Hom}_B(M,F^pX)\otimes\mathrm{Hom}_C(N,G^qY).$$

因此复形 $\mathrm{Hom}_\Lambda(M\otimes N,\widehat{\mathbb{P}_X\otimes\mathbb{P}_Y})$ 可以等同于以下 $\tilde{A}$-Λ-双模复形

$$\mathrm{Hom}_B(M,\mathbb{P}_X)\otimes\mathrm{Hom}_C(N,\mathbb{P}_Y)\longrightarrow\mathrm{Hom}_B(M,X)\otimes\mathrm{Hom}_C(N,Y)\longrightarrow 0.$$

用 $\widehat{\mathbb{P}_X}$ 和 $\widehat{\mathbb{P}_Y}$ 分别表示复形 $\mathbb{P}_X\longrightarrow X$ 和 $\mathbb{P}_Y\longrightarrow Y$. 由 $\mathbb{P}_X\longrightarrow X$ 是 $\mathcal{E}_{M,B}$-正合的, 可得

$$\mathrm{Hom}_B(M,\widehat{\mathbb{P}_X}):\mathrm{Hom}_B(M,\mathbb{P}_X)\longrightarrow\mathrm{Hom}_B(M,X)\longrightarrow 0$$

在 A-B-双模复形范畴中是可裂正合的. 同理可得

$$\mathrm{Hom}_C(N,\widehat{\mathbb{P}_Y}):\mathrm{Hom}_C(N,\mathbb{P}_Y)\longrightarrow\mathrm{Hom}_C(N,Y)\longrightarrow 0$$

在 A-C-双模复形范畴中也是可裂正合的. 又复形 $\mathbb{X}$ 是可裂正合的当且仅当 Id: $\mathbb{X}\longrightarrow\mathbb{X}$ 是零同伦的.

设 $f=(f_i):\mathrm{Hom}_B(M,\mathbb{P}_X)\longrightarrow\mathrm{Hom}_B(M,\mathbb{P}_X)$ 是 A-B-双模复形范畴中的链映射, 其中

$$f_i=\begin{cases}\mathrm{Id}, & i\geqslant 1,\\ d_1^*s_0, & i=0,\\ 0, & i<0.\end{cases}$$

8.3 代数的张量积

这里 $s = (s_i)$ 是链同伦

$$\mathrm{Id} \simeq 0 : \mathrm{Hom}_B(M, \widehat{\mathbb{P}_X}) \longrightarrow \mathrm{Hom}_B(M, \widehat{\mathbb{P}_X}).$$

显然, $s = (s_i)$ 也给出了链同伦

$$f \simeq 0 : \mathrm{Hom}_B(M, \mathbb{P}_X) \longrightarrow \mathrm{Hom}_B(M, \mathbb{P}_X).$$

又

$$d_1^* s_0 = \mathrm{Id} - s_{-1} d_0^*,$$

从而

$$\mathrm{Id} \simeq f' : \mathrm{Hom}_B(M, \mathbb{P}_X) \longrightarrow \mathrm{Hom}_B(M, \mathbb{P}_X),$$

其中

$$f' = (f'_i), \quad f'_i = \begin{cases} 0, & i \neq 0, \\ s_{-1} d_0^*, & i = 0. \end{cases}$$

设 $g = (g_i) : \mathrm{Hom}_C(N, \mathbb{P}_Y) \longrightarrow \mathrm{Hom}_C(N, \mathbb{P}_Y)$ 是 A-C-双模复形范畴中的链映射, 其中

$$g_i = \begin{cases} \mathrm{Id}, & i \geqslant 1, \\ \sigma_1^* t_0, & i = 0, \\ 0, & i < 0. \end{cases}$$

这里 $t = (t_i)$ 是链同伦

$$\mathrm{Id} \simeq 0 : \mathrm{Hom}_C(N, \widehat{\mathbb{P}_Y}) \longrightarrow \mathrm{Hom}_C(N, \widehat{\mathbb{P}_Y}).$$

又 $t = (t_i)$ 给出了链同伦

$$g \simeq 0 : \mathrm{Hom}_C(N, \mathbb{P}_Y) \longrightarrow \mathrm{Hom}_C(N, \mathbb{P}_Y).$$

从而

$$\mathrm{Id} \simeq g' : \mathrm{Hom}_C(N, \mathbb{P}_Y) \longrightarrow \mathrm{Hom}_C(N, \mathbb{P}_Y),$$

其中

$$g' = (g'_i), \quad g'_i = \begin{cases} 0, & i \neq 0, \\ t_{-1} \sigma_0^*, & i = 0. \end{cases}$$

因此, 在 $\tilde{A}$-Λ-双模复形范畴中,

$$\mathrm{Id} \simeq f' \otimes g' : \mathrm{Hom}_B(M, \mathbb{P}_X) \otimes \mathrm{Hom}_C(N, \mathbb{P}_Y) \longrightarrow \mathrm{Hom}_B(M, \mathbb{P}_X) \otimes \mathrm{Hom}_C(N, \mathbb{P}_Y).$$

令
$$f' \otimes g' = (h_i),$$
其中
$$h_i = \begin{cases} 0, & i \neq 0, \\ s_{-1}d_0^* \otimes t_{-1}\sigma_0^*, & i = 0. \end{cases}$$

结合次数为 -1 的最后一项 $\mathrm{Hom}_B(M,X) \otimes \mathrm{Hom}_C(N,Y)$, 容易验证在 $\tilde{A}$-Λ-双模复形范畴中,
$$\mathrm{Id} \simeq 0 : \mathrm{Hom}_\Lambda(M \otimes N, \widehat{\mathbb{P}_X \otimes \mathbb{P}_Y}) \longrightarrow \mathrm{Hom}_\Lambda(M \otimes N, \widehat{\mathbb{P}_X \otimes \mathbb{P}_Y}),$$
即说明复形
$$\widehat{\mathbb{P}_X \otimes \mathbb{P}_Y} : \mathbb{P}_X \otimes \mathbb{P}_Y \longrightarrow X \otimes Y$$
是 $\mathcal{E}_{M \otimes N, \Lambda}$-正合的. 即证. □

8.3.2 模-相对 Hochschild (上) 同调

注意到, $\Lambda^e \simeq B^e \otimes C^e$. 由引理 8.7 和命题 8.2, 立刻得到以下定理.

定理 8.3 设 A 是任意 k-代数, B 和 C 是有限维 k-代数. 给定有限维双模 $_BM_A$ 和 $_CN_A$, 使得分别是 $_B\mathcal{M}$ 和 $_C\mathcal{M}$ 的生成子. 则对任意的 n 及 $_BX_B$, $_BX'_B$, $_CY_C$ 和 $_CY'_C$, 有
$$\mathrm{Tor}_n^{\mathcal{E}_{M \otimes N, \Lambda}}(X' \otimes Y', X \otimes Y) \simeq \bigoplus_{i+j=n} \mathrm{Tor}_i^{\mathcal{E}_{M,B}}(X', X) \otimes \mathrm{Tor}_j^{\mathcal{E}_{N,C}}(Y', Y).$$
特别地,
$$\mathrm{H}_n^{\mathcal{E}_{M \otimes N, \Lambda}}(\Lambda, X \otimes Y) \simeq \bigoplus_{i+j=n} \mathrm{H}_i^{\mathcal{E}_{M,B}}(B, X) \otimes \mathrm{H}_j^{\mathcal{E}_{N,C}}(C, Y).$$
进一步地, 有 $\mathrm{hh.dim}_{M \otimes N}(\Lambda) = \mathrm{hh.dim}_M(B) + \mathrm{hh.dim}_N(C)$.

证 由引理 8.7 可得
$$\begin{aligned} \mathrm{Tor}_n^{\mathcal{E}_{M \otimes N, \Lambda}}(X' \otimes Y', X \otimes Y) &= \mathrm{H}_n((X' \otimes Y') \otimes_{B \otimes C} (\mathbb{P}_X \otimes \mathbb{P}_Y)) \\ &\simeq \bigoplus_{i+j=n} \mathrm{H}_i(X' \otimes_B \mathbb{P}_X) \otimes \mathrm{H}_j(Y' \otimes_C \mathbb{P}_Y) \\ &\simeq \bigoplus_{i+j=n} \mathrm{Tor}_i^{\mathcal{E}_{M,B}}(X', X) \otimes \mathrm{Tor}_j^{\mathcal{E}_{N,C}}(Y', Y). \end{aligned}$$

由此同构立即可得结论. □

对于上同调, 我们需要增加额外的有限维的条件.

8.3 代数的张量积

定理 8.4 假设条件如定理 8.3. 对任意的 n 及 $_BX_B, {}_BX'_B, {}_CY_C$ 和 $_CY'_C$, 其中 X 和 Y 是有限维的, 则

$$\mathrm{Ext}^n_{\mathcal{E}_{M\otimes N, \Lambda}}(X\otimes Y, X'\otimes Y') \simeq \bigoplus_{i+j=n} \mathrm{Ext}^i_{\mathcal{E}_{M,B}}(X, X') \oplus \mathrm{Ext}^j_{\mathcal{E}_{N,C}}(Y, Y').$$

证 假设 $_BM_A$ 和 $_CN_A$ 是有限维的, 且分别是 $_B\mathcal{M}$ 和 $_C\mathcal{M}$ 的生成子. 下面证明标准 $\mathcal{E}$-投射分解中, B-B-双模 F^pX 和 C-C-双模 G^pY 都是有限维的.

因为 $_BM_A$ 是有限维的, 我们有以下 B-A-双模正合序列

$$(B\otimes_k A^{op})^r \longrightarrow {}_BM_A \longrightarrow 0$$

和左 B-模正合序列

$$B^s \longrightarrow {}_BM \longrightarrow 0.$$

将函子 $-\otimes_A \mathrm{Hom}_B(M, X)$ 和 $\mathrm{Hom}_B(-, {}_BX_B)$ 分别作用于上面两个正合序列, 则有以下两个新的分别作为 B-B-双模和右 B-模的正合序列

$$(B\otimes_k A^{op})^r \otimes_A \mathrm{Hom}_B(M, X) \longrightarrow {}_BM \otimes_A \mathrm{Hom}_B(M, X) \longrightarrow 0,$$

$$0 \longrightarrow \mathrm{Hom}_B({}_BM, {}_BX_B) \longrightarrow \mathrm{Hom}_B(B^s, {}_BX_B).$$

因为 $\mathrm{Hom}_B(B^s, X)\simeq X^s$, 从而 $\mathrm{Hom}_B(B^s, X)$ 是有限维的. 又 B 也是有限维的, 从而 $\mathrm{Hom}_B(M, X)$ 也是有限维的. 因此有

$$(B\otimes_k A^{op})^r \otimes_A \mathrm{Hom}_B(M, X) \simeq B^r \otimes_k \mathrm{Hom}_B(M, X),$$

进而 $M\otimes_A \mathrm{Hom}_B(M, X)$ 是有限维的. 由归纳即得任意的 F^pX 都是有限维的. 同理可得, 任意的 G^pY 也都是有限维的.

由以上讨论及引理 7.6, 立即可得

$$\mathrm{Hom}_{B^e}(\mathbb{P}_X, X')\otimes \mathrm{Hom}_{C^e}(\mathbb{P}_Y, Y') \simeq \mathrm{Hom}_{\Lambda^e}(\mathbb{P}_X\otimes \mathbb{P}_Y, X'\otimes Y').$$

再由引理 8.7, 结论得证. $\square$

特别地, 我们有以下定理.

定理 8.5 设 B 和 C 是有限维 k-数. 给定有限维双模 $_BM_A$ 和 $_CN_A$, 使得分别是 $_B\mathcal{M}$ 和 $_C\mathcal{M}$ 的生成子. 则对任意的 n 及 $_BX_B, {}_CY_C$ 有

$$\mathrm{H}^n_{\mathcal{E}_{M\otimes N, \Lambda}}(\Lambda, X\otimes Y) \simeq \bigoplus_{i+j=n} \mathrm{H}^i_{\mathcal{E}_{M,B}}(B, X)\otimes \mathrm{H}^j_{\mathcal{E}_{N,C}}(C, Y).$$

特别地, $\mathrm{hch.dim}_{M\otimes N}(\Lambda) = \mathrm{hch.dim}_M(B) + \mathrm{hch.dim}_N(C)$.

由定理 8.5 及可分性、形式光滑性的上同调刻画, 立即可得以下推论.

推论 $\Lambda = B \otimes C$ 是 $M \otimes N$-可分的当且仅当 B 是 M-可分的, C 是 N-可分的; $\Lambda = B \otimes C$ 是 $M \otimes N$-光滑的当且仅当 B 是 M-光滑的, C 是 N-可分的; 或 B 是 M-可分的, C 是 N-光滑的.

第9章 Morita 型稳定等价下的模-相对 Hochschild (上) 同调

9.1 Morita 型稳定等价

设 k 是域. 首先回忆一下 Morita 型稳定等价的定义[24](也可参考 [99]).

定义 9.1 设 B, C 是有限维 k-代数. 称 B 和 C 是 Morita 型稳定等价的, 如果存在双模 $_BM_C$ 和 $_CN_B$, 使得

(1) M 和 N 作为单边模都是投射的;

(2) 存在投射双模 $_BP_B$ 和 $_CQ_C$, 使得 $M \otimes_C N \simeq B \oplus P$ (作为 B-B-双模), $N \otimes_B M \simeq C \oplus Q$ (作为 C-C-双模).

Morita 型稳定等价是一种特殊的稳定等价, 函子 $N \otimes_B -$ 和 $M \otimes_C -$ 诱导了 B 和 C 之间的互逆稳定等价. 在定义 9.1 中, 我们称 M 和 N 诱导了代数 B 和 C 之间的一个 Morita 型稳定等价.

设 B 和 C 是有限维不含半单直和项且具有可分半单商的 k-代数. 关于 Morita 型稳定等价, 我们有如下结论.

引理 9.1[55,引理2.1] 设 B 和 C 是有限维不含半单直和项且具有可分半单商的 k-代数, 且其中一个为不可分解代数. 若 $_BM_C$ 和 $_CN_B$ 诱导了 B 和 C 之间的一个 Morita 型稳定等价, 则 M 和 N 含有唯一 (在同构意义下) 的不可分解非投射直和项, 分别记为 M' 和 N', 使得 M' 和 N' 也诱导了 B 和 C 之间的一个 Morita 型稳定等价.

在引理 9.1 的条件下, 总可假定诱导 B 和 C 之间的 Morita 型稳定等价的双模 M 和 N 是不可分解的. 从而有以下双模同构和伴随对.

引理 9.2[55,推论3.1] 设不可分解双模 $_BM_C$ 和 $_CN_B$ 诱导了代数 B 和 C 之间的一个 Morita 型稳定等价, 则有

(1) 双模同构
$$N \simeq \mathrm{Hom}_B(M, B) \simeq \mathrm{Hom}_C(M, C),$$
$$M \simeq \mathrm{Hom}_B(N, B) \simeq \mathrm{Hom}_C(N, C).$$

(2) 函子 $M \otimes_C -$ 是 $N \otimes_B -$ 的左、右伴随.

显然引理 9.2 中的两个结论是等价的. $_BM_C$ 和 $_CN_B$(不一定是不可分解的) 诱

导的 Morita 型稳定等价若满足引理 9.2 的论断之一, 则称为伴随型稳定等价[140]. 这是 Xi 在 Artin R-代数 (作为 R-模是投射的) 中引入的一个概念. 进一步地, 若 k 是完备域, 有以下引理.

引理 9.3[140,引理2.1]　设 k 是完备域, B 和 C 是有限维 k-代数. 假设 ${}_BM_C$ 和 ${}_CN_B$ 诱导了 B 和 C 之间的一个伴随型稳定等价, 则定义 9.1 中的 ${}_BP_B$ 和 ${}_CQ_C$ 是投射-内射双模.

Dugas 和 Martínez-Villa 在文献 [55] 中的一个推论说明了 Morita 型稳定等价可以由限制和诱导函子来实现. 这给出了建立 Morita 型稳定等价下模-相对 Hochschild (上) 同调之间关系的一种方法.

引理 9.4[55,推论5.1]　设 B 和 C 是有限维不含半单直和项且具有可分半单商的 k-代数. 若 B 和 C 其中一个为不可分解代数, 则有以下论断等价:

(a) 存在 B 和 C 之间的一个 Morita 型稳定等价;

(b) 存在一个 Morita 等价于 B 的 k-代数 S, 以及环的单同态 $C \hookrightarrow S$, 使得限制函子 ${}_CS \otimes_S$-和诱导函子 ${}_SS \otimes_C$-都是正合的且诱导了它们之间的互逆稳定等价;

(c) 存在一个 Morita 等价于 B 的 k-代数 S, 以及环的单同态 $C \hookrightarrow S$, 使得对任意的投射 S-S-双模 Q' 和投射 C-C-双模 Q, 都有

$$ {}_SS \otimes_C S_S \simeq {}_SS_S \oplus {}_SQ_S', \quad {}_CS_C \simeq {}_CC_C \oplus {}_CQ_C. $$

注　限制函子 ${}_CS\otimes_S$ - 与诱导函子 ${}_SS\otimes_C$ - 左、右伴随, 从而诱导函子同构于余诱导函子 $\mathrm{Hom}_C({}_SS_C, -)$.

9.2　Morita 型稳定等价下的模-相对 Hochschild 同调与上同调

本节中总假定 k 是完备域. 设 A 是 k-代数, B, C 是有限维 k-代数, 双模 ${}_BM_C$ 和 ${}_CN_B$ 诱导了 B 和 C 之间的一个 Morita 型稳定等价. 假定 M 还具有 B-A-双模结构, 则 $N \otimes_B M$ 具有 C-A-双模结构. 注意到 ${}_BM$ 作为左 B-模是生成子, ${}_C(N \otimes_B M)$ 作为左 C-模是生成子, 从而 $\mathcal{E}_{M,B}$ 与 $\mathcal{E}_{N\otimes_B M, C}$ 都是由满态射构成的投射类.

我们总可假定 B 和 C 都是不可分解代数. 事实上, 设

$$ B = B_1 \times B_0, \quad C = C_1 \times C_0, $$

其中 B_1, C_1 不含可分直和项, 而 B_0, C_0 是可分代数. 则由文献 [104] 中定理 4.7 的证明过程可知, 代数 B_1 和 C_1 也是 Morita 型稳定等价的. 又可分代数上的双模都

9.2 Morita 型稳定等价下的模-相对 Hochschild 同调与上同调

是投射的, 从而可分代数在任意代数上的非零阶的 (任意) 模-相对 Hochschild (上) 同调都为零. 因此, 我们可假定 B, C 不含可分直和项. 又 k 是完备域, B, C 不含可分直和项就等价于 B, C 不含半单直和项. B 不含可分直和项也等价于 B 不含 B-B-双模投射直和项. 由文献 [102] 可知, Morita 型稳定等价保持代数直和项, 且 B 是不可分解的当且仅当 C 是不可分解的. 由定理 8.2 的推论 1 可知, 代数直积的模-相对 Hochschild (上) 同调可由其因子代数的模-相对 Hochschild (上) 同调得到. 因而总可假定 B, C 都是不可分解的. 由引理 9.1, 不失一般性, 也总可假定诱导 B 和 C 之间 Morita 型稳定等价的双模 $_BM_C$ 和 $_CN_B$ 都是不可分解双模. 从而由引理 9.2 知, 它还是一个伴随型稳定等价. 故我们有以下双模同构和伴随对:

(1) $N \simeq \mathrm{Hom}_B(M, B) \simeq \mathrm{Hom}_C(M, C)$ 以及 $M \simeq \mathrm{Hom}_B(N, B) \simeq \mathrm{Hom}_C(N, C)$.

(2) $(M \otimes_C -, N \otimes_B -)$, $(N \otimes_B -, M \otimes_C -)$ 均为伴随对.

记 S 为左 B-模 M 的自同态环, 则分别作为 C-C-双模、C-S-双模以及 C-A-双模, 都有

$$N \otimes_B M \simeq \mathrm{Hom}_B(M, B) \otimes_B M \simeq \mathrm{End}_B(M) = S.$$

由于 k 是完备域, 任意的有限维 k-代数都具有可分半单商, 从而由引理 9.4 知, 双模 $_SS_C, _CS_S$ 诱导了 S 和 C 之间的一个 Morita 型稳定等价, 即我们有

(1) $S \otimes_C S \simeq S \oplus Q'$ 作为 S-S-双模, 其中 $_SQ'_S$ 为投射 S-S-双模, 且

(2) $S \otimes_S S \simeq C \oplus Q$ 作为 C-C-双模.

这里 Q 为定义 9.1 中的 Q. 容易看出, S 具有 C-A-双模结构且 S 作为左 C-模是投射生成子. 从而我们有满态射构成的投射类 $\mathcal{E}_{S,C} = \mathcal{E}_{N \otimes_B M, C}$ 和 $\mathcal{E}_{S \otimes_C S, S}$. 同样, 我们有以下双模同构和伴随对 [15,推论3.1]:

(1) $_SS_C \simeq \mathrm{Hom}_C(_CS_S, C)$ 以及 $_CS_S \simeq \mathrm{Hom}_C(_SS_C, C)$;

(2) $(_CS \otimes_S -, _SS \otimes_C -)$, $(_SS \otimes_C -, _CS \otimes_S -)$ 均为伴随对.

记

$$F := \mathbb{L}_C \mathbb{R}_C = S \otimes_A \mathrm{Hom}_C(_CS_A, -).$$

我们有以下引理.

引理 9.5 对任意的 $i \geqslant 1$, $S \otimes_C F^i(C) \otimes_C S$ 都是 $\mathcal{E}_{S \otimes_C S, S}$-投射的.

证 对任意的 $i \geqslant 1$, 我们有以下 S-S-双模同构:

$$(S \otimes_C S) \otimes_A \mathrm{Hom}_S(S \otimes_C S, S \otimes_C F^{(i-1)}(C) \otimes_C S)$$
$$\simeq (S \otimes_C S) \otimes_A \mathrm{Hom}_C(S, (S \otimes_S S) \otimes_C F^{(i-1)}(C) \otimes_C S)$$
$$\simeq (S \otimes_C S) \otimes_A \mathrm{Hom}_C(S, (C \oplus Q) \otimes_C F^{(i-1)}(C) \otimes_C S)$$
$$\simeq (S \otimes_C S) \otimes_A \mathrm{Hom}_C(S, F^{(i-1)}(C) \otimes_C S)$$

$$\oplus (S \otimes_C S) \otimes_A \mathrm{Hom}_C(S, Q \otimes_C F^{(i-1)}(C) \otimes_C S)$$
$$\simeq S \otimes_C (S \otimes_A \mathrm{Hom}_C(S, F^{(i-1)}(C))) \otimes_C S$$
$$\oplus (S \otimes_C S) \otimes_A \mathrm{Hom}_C(S, Q \otimes_C F^{(i-1)}(C) \otimes_C S)$$
$$\simeq S \otimes_C F^i(C) \otimes_C S \oplus (S \otimes_C S) \otimes_A \mathrm{Hom}_C(S, Q \otimes_C F^{(i-1)}(C) \otimes_C S).$$

又任意具有 $(S \otimes_C S) \otimes_A \mathrm{Hom}_S(S \otimes_C S, Z)$(其中 $Z \in {}_S\mathcal{M}_S$) 形式的 S-S-双模都是 $\mathcal{E}_{S \otimes_C S, S}$-投射的, 从而 S-S-双模

$$(S \otimes_C S) \otimes_A \mathrm{Hom}_S(S \otimes_C S, S \otimes_C F^{(i-1)}(C) \otimes_C S)$$

为 $\mathcal{E}_{S \otimes_C S, S}$-投射的. 因此由引理 7.3 知, $S \otimes_C F^i(C) \otimes_C S$ 也是 $\mathcal{E}_{S \otimes_C S, S}$-投射的. □

引理 9.6 设 $0 \longrightarrow X \xrightarrow{f} Y \xrightarrow{g} Z \longrightarrow 0$ 在 ${}_C\mathcal{M}_C$ 中是 $\mathcal{E}_{S,C}$-正合的, 则

$$0 \longrightarrow S \otimes_C X \otimes_C S \xrightarrow{f_*} S \otimes_C Y \otimes_C S \xrightarrow{g_*} S \otimes_C Z \otimes_C S \longrightarrow 0$$

在 ${}_S\mathcal{M}_S$ 中是 $\mathcal{E}_{S \otimes_C S, S}$-正合的.

证 由于 S 作为左 C-模和右 C-模都是投射的, 从而引理中的序列是正合的. 又由满态射构成的闭的类必包含所有的同构态射和态射 $Z \longrightarrow 0$, 从而我们只需证明 $g_* \in \mathcal{E}_{S \otimes_C S, S}$, 即证

$$\mathrm{Hom}_S(S \otimes_C S, g_*): \mathrm{Hom}_S(S \otimes_C S, S \otimes_C Y \otimes_C S) \longrightarrow \mathrm{Hom}_S(S \otimes_C S, S \otimes_C Z \otimes_C S)$$

在 ${}_A\mathcal{M}_S$ 中是可裂满的. 而作为 A-S-双模,

$$\mathrm{Hom}_S(S \otimes_C S, S \otimes_C Y \otimes_C S)$$
$$\simeq \mathrm{Hom}_C({}_CS \otimes_S S \otimes_C S, Y \otimes_C S)$$
$$\simeq \mathrm{Hom}_C((C \oplus Q) \otimes_C S, Y \otimes_C S)$$
$$\simeq (\mathrm{Hom}_C({}_CS, Y) \oplus \mathrm{Hom}_C(Q \otimes_C S, Y)) \otimes_C S.$$

由 $g \in \mathcal{E}_{S,C}$, 即

$$\mathrm{Hom}_C({}_CS_A, g): \mathrm{Hom}_C(S, Y) \longrightarrow \mathrm{Hom}_C(S, Z)$$

在 ${}_A\mathcal{M}_C$ 中是可裂满的, 我们只需证明

$$\mathrm{Hom}_C(Q \otimes_C S, g): \mathrm{Hom}_C(Q \otimes_C S, Y) \longrightarrow \mathrm{Hom}_C(Q \otimes_C S, Z)$$

在 ${}_A\mathcal{M}_C$ 中是可裂满的. 注意到 $g \in \mathcal{E}_{S,C}$ 说明 g 在 $\mathcal{M}_C$ 中是可裂满的, 这是因为作为 C-C-双模, ${}_CS_C \simeq C \oplus Q$. 又作为 A-C-双模,

$$\mathrm{Hom}_C((C \otimes_k C^{op}) \otimes_C S_A, Y) \simeq \mathrm{Hom}_C(C \otimes_k S_A, Y) \simeq \mathrm{Hom}_k({}_kS_A, Y).$$

9.2 Morita 型稳定等价下的模-相对 Hochschild 同调与上同调

因为 $_kY_C \longrightarrow {_kZ_C}$ 在 $_k\mathcal{M}_C$ 中是可裂满的, 从而由 g 诱导的态射 $\mathrm{Hom}_k({_kS_A}, Y) \longrightarrow \mathrm{Hom}_k({_kS_A}, Z)$ 在 $_A\mathcal{M}_C$ 中也是可裂满的. 这说明

$$\mathrm{Hom}_C((C \otimes_k C^{op}) \otimes_C S_A, Y) \longrightarrow \mathrm{Hom}_C((C \otimes_k C^{op}) \otimes_C S_A, Z)$$

在 $_A\mathcal{M}_C$ 中也是可裂满的. 又 Q 是 C-C-投射的, 于是

$$\mathrm{Hom}_C(Q \otimes_C S, Y) \longrightarrow \mathrm{Hom}_C(Q \otimes_C S, Z) \text{在}_A\mathcal{M}_C$$

中是可裂满的. 即证. □

由引理 9.5 和引理 9.6, 立即可得如下结论.

命题 9.1 设 $(\mathbb{P}_C, d_*)$ 是 C 的标准 $\mathcal{E}_{S,C}$-投射分解, 则 $(S \otimes_C \mathbb{P}_C \otimes_C S, S \otimes_C d_* \otimes_C S)$ 是 $S \otimes_C S$ 的一个 $\mathcal{E}_{S \otimes_C S, S}$-投射分解.

对 C 和 S 分别在 A 上、系数在 $_SZ_S$ 中的 $_CS_A$-相对 Hochschild(上) 同调和 $_S(S \otimes_C S)_A$-相对 Hochschild(上) 同调, 我们有以下定理.

定理 9.1 设 k 是完备域, A 是 k-代数, B 和 C 是不可分解的有限维 k-代数. 假设不可分解双模 $_BM_C$ 和 $_CN_B$ 诱导了 B 和 C 之间的一个 Morita 型稳定等价, 且 M 还具有 B-A-双模结构. 记 S 为左 B-模 M 的自同态环. 则对任意的 $_SZ_S$ 及 $n \geqslant 1$, 我们有

$$\mathrm{H}^n_{\mathcal{E}_{S,C}}(C, Z) \simeq \mathrm{H}^n_{\mathcal{E}_{S \otimes_C S, S}}(S, Z),$$
$$\mathrm{H}_n^{\mathcal{E}_{S,C}}(C, Z) \simeq \mathrm{H}_n^{\mathcal{E}_{S \otimes_C S, S}}(S, Z).$$

证 设 $\mathbb{P}_C$ 是 C 的标准 $\mathcal{E}_{S,C}$-投射分解. 由命题 9.1, $(S \otimes_C \mathbb{P}_C \otimes_C S, S \otimes_C d_* \otimes_C S)$ 是 $S \otimes_C S$ 的一个 $\mathcal{E}_{S \otimes_C S, S}$-投射分解. 分别将函子 $\mathrm{Hom}_{S^e}(-, Z)$ 和 $- \otimes_{S^e} Z$ 作用在 $S \otimes_C \mathbb{P}_C \otimes_C S$ 的删除复形

$$\cdots \longrightarrow S \otimes_C F^3(C) \otimes_C S \xrightarrow{S \otimes_C d_2 \otimes_C S} S \otimes_C F^2(C) \otimes_C S$$
$$\xrightarrow{S \otimes_C d_1 \otimes_C S} S \otimes_C F(C) \otimes_C S \longrightarrow 0$$

上, 我们有

$$\mathrm{Hom}_{S^e}(S \otimes_C F^i(C) \otimes_C S, Z) \simeq \mathrm{Hom}_{S^e}(S^e \otimes_{C^e} F^i(C), Z) \simeq \mathrm{Hom}_{C^e}(F^i(C), Z),$$
$$(S \otimes_C F^i(C) \otimes_C S) \otimes_{S^e} Z \simeq F^i(C) \otimes_{C^e} S^e \otimes_{S^e} Z \simeq F^i(C) \otimes_{C^e} Z.$$

容易验证, 复形 $\mathrm{Hom}_{S^e}(S \otimes_C \mathbb{P}_C \otimes_C S, Z)$ 和 $\mathrm{Hom}_{C^e}(\mathbb{P}_C, Z)$ 同构, 复形 $(S \otimes_C \mathbb{P}_C \otimes_C S) \otimes_{S^e} Z$ 和 $\mathbb{P}_C \otimes_{S^e} Z$ 也同构, 进而它们分别具有相同的同调群. 即

$$\mathrm{H}^n_{\mathcal{E}_{S,C}}(C, Z) \simeq \mathrm{Ext}^n_{\mathcal{E}_{S \otimes_C S, S}}(S \otimes_C S, Z) \simeq \mathrm{Ext}^n_{\mathcal{E}_{S \otimes_C S, Z}}(S \oplus Q', Z)$$
$$\simeq \mathrm{Ext}^n_{\mathcal{E}_{S \otimes_C S, S}}(S, Z) = \mathrm{H}^n_{\mathcal{E}_{S \otimes_C S, S}}(S, Z),$$

$$\mathrm{H}_n^{\mathcal{E}_{S,C}}(C,Z) \simeq \mathrm{Tor}_n^{\mathcal{E}_{S\otimes_C S,S}}(S\otimes_C S, Z) \simeq \mathrm{Tor}_n^{\mathcal{E}_{S\otimes_C S,S}}(S\oplus Q', Z)$$
$$\simeq \mathrm{Tor}_n^{\mathcal{E}_{S\otimes_C S,S}}(S,Z) = \mathrm{H}_n^{\mathcal{E}_{S\otimes_C S,S}}(S,Z).$$

这里用到了 Q' 是投射 S-S-双模进而是 $\mathcal{E}_{S\otimes_C S,S}$ 投射的. 即证. □

推论 假设条件如定理 9.1, 则对任意的 $n \geqslant 1$, 我们有

$$\mathrm{H}^n_{\mathcal{E}_{S,C}}(C) \simeq \mathrm{H}^n_{\mathcal{E}_{S\otimes_C S,S}}(S), \quad \mathrm{H}_n^{\mathcal{E}_{S,C}}(C) \simeq \mathrm{H}_n^{\mathcal{E}_{S\otimes_C S,S}}(S).$$

证 在定理 9.1 中, 令 $Z = S$. 由引理 9.3 知, Q 作为 C-C-双模既是投射的也是内射的, 因此

$$\mathrm{H}^n_{\mathcal{E}_{S\otimes_C S,S}}(S) \simeq \mathrm{H}^n_{\mathcal{E}_{S,C}}(C,S) \simeq \mathrm{H}^n_{\mathcal{E}_{S,C}}(C,C\oplus Q) \simeq \mathrm{H}^n_{\mathcal{E}_{S,C}}(C) \oplus \mathrm{H}^n_{\mathcal{E}_{S,C}}(C,Q) = \mathrm{H}^n_{\mathcal{E}_{S,C}}(C),$$

$$\mathrm{H}_n^{\mathcal{E}_{S\otimes_C S,S}}(S) \simeq \mathrm{H}_n^{\mathcal{E}_{S,C}}(C,S) \simeq \mathrm{H}_n^{\mathcal{E}_{S,C}}(C,C\oplus Q) \simeq \mathrm{H}_n^{\mathcal{E}_{S,C}}(C) \oplus \mathrm{H}_n^{\mathcal{E}_{S,C}}(C,Q) = \mathrm{H}_n^{\mathcal{E}_{S,C}}(C).$$

即证. □

由于双模 $_SS_A$ 作为左 S-模是投射生成子, 我们同样可以考虑由 $_S\mathcal{M}_S$ 中满态射构成的投射类 $\mathcal{E}_{S,S}$. 注意到 $f \in \mathcal{E}_{S,S}$ 当且仅当 f 作为 A-S-双模态射是可裂满的. 比较 $\mathcal{E}_{S,S}$ 和 $\mathcal{E}_{S\otimes_C S,S}$, 我们有如下结论.

引理 9.7 $\mathcal{E}_{S,S} = \mathcal{E}_{S\otimes_C S,S}$.

证 设 $f \in {}_S\mathcal{M}_S$. 由

$$\mathrm{Hom}_S({}_S(S\otimes_C S)_A, f) \simeq \mathrm{Hom}_S({}_SS_A \oplus {}_SQ'_A, f) \simeq \mathrm{Hom}_S({}_SS_A, f) \oplus \mathrm{Hom}_S({}_SQ'_A, f)$$

可以看到, $\mathrm{Hom}_S({}_S(S\otimes_C S)_A, f)$ 在 $_A\mathcal{M}_S$ 中是可裂满的就意味着 $\mathrm{Hom}_S({}_SS_A, f)$ 在 $_A\mathcal{M}_S$ 中也是可裂满的. 从而, $\mathcal{E}_{S\otimes_C S,S} \subseteq \mathcal{E}_{S,S}$.

因此, 我们只需证明, 对任意的 $f \in \mathcal{E}_{S,S}$, $\mathrm{Hom}_S({}_SQ'_A, f)$ 在 $_A\mathcal{M}_S$ 中是可裂满的. 由于 $f \in \mathcal{E}_{S,S}$ 即 f 在 $_A\mathcal{M}_S$ 中是可裂满的, 从而在 $_k\mathcal{M}_S$ 中也是可裂满的. 因此,

$$\mathrm{Hom}_S({}_S(S\otimes_k S^{op})_A, f) \simeq \mathrm{Hom}_k({}_kS_A, f)$$

在 $_A\mathcal{M}_S$ 中是可裂满的. 又 $_SQ'_A$ 是 S-S-投射且其 S-A-双模结构由 S-S-双模结构诱导, 因此 $\mathrm{Hom}_S({}_SQ'_A, f)$ 在 $_A\mathcal{M}_S$ 中是可裂满的, 从而有 $f \in \mathcal{E}_{S\otimes_C S,S}$. 即证. □

注 若存在代数同态 $\mu: A \longrightarrow C$, 类似于引理 9.7 的证明, 同样可得 $\mathcal{E}_{N\otimes_B M,C} = \mathcal{E}_{C,C}$.

由引理 9.7 以及模-相对 Hochschild(上) 同调的定义, 立即可得如下结论.

命题 9.2 对任意的 $_SZ_S$ 及 $n \geqslant 0$, 我们有

$$\mathrm{H}^n_{\mathcal{E}_{S,S}}(S,Z) = \mathrm{H}^n_{\mathcal{E}_{S\otimes_C S,S}}(S,Z), \quad \mathrm{H}_n^{\mathcal{E}_{S,S}}(S,Z) = \mathrm{H}_n^{\mathcal{E}_{S\otimes_C S,S}}(S,Z).$$

9.2 Morita 型稳定等价下的模-相对 Hochschild 同调与上同调

定理 9.2 设 k 是完备域, A 是 k-代数, B 和 C 是不可分解的有限维 k-代数. 假设不可分解双模 $_BM_C$ 和 $_CN_B$ 诱导了 B 和 C 之间的一个 Morita 型稳定等价, 且 M 还具有 B-A-双模结构. 则对任意的 $_BY_B$ 及 $n \geqslant 1$, 我们有

(a)
$$\mathrm{H}^n_{\mathcal{E}_{M,B}}(B,Y) \simeq \mathrm{H}^n_{\mathcal{E}_{N\otimes_B M,C}}(C, M^* \otimes_B Y \otimes_B M),$$
$$\mathrm{H}_n^{\mathcal{E}_{M,B}}(B,Y) \simeq \mathrm{H}_n^{\mathcal{E}_{N\otimes_B M,C}}(C, M^* \otimes_B Y \otimes_B M).$$

特别地,
$$\mathrm{hch.dim}_M(B) \leqslant \mathrm{hch.dim}_{N\otimes_B M}(C),$$
$$\mathrm{hh.dim}_M(B) \leqslant \mathrm{hh.dim}_{N\otimes_B M}(C).$$

(b) 进一步地, 若 M 的 B-A-双模结构是由 k-代数同态 $\mu : A \longrightarrow C$ 诱导的, 则
$$\mathrm{H}^n_{\mathcal{E}_{M,B}}(B,Y) \simeq \mathrm{H}^n(C|A, M^* \otimes_B Y \otimes_B M),$$
$$\mathrm{H}_n^{\mathcal{E}_{M,B}}(B,Y) \simeq \mathrm{H}_n(C|A, M^* \otimes_B Y \otimes_B M).$$

特别地,
$$\mathrm{hch.dim}_M(B) \leqslant \mathrm{hch.dim}(C|A),$$
$$\mathrm{hh.dim}_M(B) \leqslant \mathrm{hh.dim}(C|A).$$

证 (a) 由定理 7.4 的推论可知
$$\mathrm{H}^n_{\mathcal{E}_{M,B}}(B,Y) \simeq \mathrm{H}^n_{\mathcal{E}_{S,S}}(S, M^* \otimes_B Y \otimes_B M),$$
$$\mathrm{H}_n^{\mathcal{E}_{M,B}}(B,Y) \simeq \mathrm{H}_n^{\mathcal{E}_{S,S}}(S, M^* \otimes_B Y \otimes_B M).$$

结合定理 9.1 和命题 9.2, 则
$$\mathrm{H}^n_{\mathcal{E}_{M,B}}(B,Y) \simeq \mathrm{H}^n_{\mathcal{E}_{S,S}}(S, M^* \otimes_B Y \otimes_B M) = \mathrm{H}^n_{\mathcal{E}_{S\otimes_C S,S}}(S, M^* \otimes_B Y \otimes_B M)$$
$$\simeq \mathrm{H}^n_{\mathcal{E}_{S,C}}(C, M^* \otimes_B Y \otimes_B M) = \mathrm{H}^n_{\mathcal{E}_{N\otimes_B M,C}}(C, M^* \otimes_B Y \otimes_B M),$$

$$\mathrm{H}_n^{\mathcal{E}_{M,B}}(B,Y) \simeq \mathrm{H}_n^{\mathcal{E}_{S,S}}(S, M^* \otimes_B Y \otimes_B M) = \mathrm{H}_n^{\mathcal{E}_{S\otimes_C S,S}}(S, M^* \otimes_B Y \otimes_B M)$$
$$\simeq \mathrm{H}_n^{\mathcal{E}_{S,C}}(C, M^* \otimes_B Y \otimes_B M) = \mathrm{H}_n^{\mathcal{E}_{N\otimes_B M,C}}(C, M^* \otimes_B Y \otimes_B M).$$

(b) 由引理 9.7 注及命题 9.2, 对任意的 $_CZ_C$ 及 $n \geqslant 0$,
$$\mathrm{H}^n_{\mathcal{E}_{C,C}}(C,Z) = \mathrm{H}^n_{\mathcal{E}_{N\otimes_B M,C}}(C,Z), \quad \mathrm{H}_n^{\mathcal{E}_{C,C}}(C,Z) = \mathrm{H}_n^{\mathcal{E}_{N\otimes_B M,C}}(C,Z).$$

又分别由定理 7.3 和定理 7.4, 可知
$$\mathrm{H}^n_{\mathcal{E}_{C,C}}(C,Z) \simeq \mathrm{H}^n(C|A,Z), \quad \mathrm{H}_n^{\mathcal{E}_{C,C}}(C,Z) \simeq \mathrm{H}_n(C|A,Z).$$

从而, 由 (a) 即得 (b). □

推论 假设条件如定理 9.2, 则对任意的 $n \geqslant 1$,
(a) $\mathrm{H}^n_{\mathcal{E}_{M,B}}(B) \simeq \mathrm{H}^n_{\mathcal{E}_{N\otimes_B M,C}}(C)$, $\mathrm{H}_n^{\mathcal{E}_{M,B}}(B) \simeq \mathrm{H}_n^{\mathcal{E}_{N\otimes_B M,C}}(C)$.
(b) 进一步地, 若 M 的 B-A-双模结构是由 k-代数同态 $\mu: A \longrightarrow C$ 诱导的, 则

$$\mathrm{H}^n_{\mathcal{E}_{M,B}}(B) \simeq \mathrm{H}^n(C|A,C), \quad \mathrm{H}_n^{\mathcal{E}_{M,B}}(B) \simeq \mathrm{H}_n(C|A,C).$$

证 (a) 在定理 9.2 中, 令 $Y = B$, 则有

$$\mathrm{H}^n_{\mathcal{E}_{M,B}}(B) \simeq \mathrm{H}^n_{\mathcal{E}_{N\otimes_B M,C}}(C,S) \simeq \mathrm{H}^n_{\mathcal{E}_{N\otimes_B M,C}}(C, C \oplus Q)$$
$$\simeq \mathrm{H}^n_{\mathcal{E}_{N\otimes_B M,C}}(C) \oplus \mathrm{H}^n_{\mathcal{E}_{N\otimes_B M,C}}(C,Q) \simeq \mathrm{H}^n_{\mathcal{E}_{N\otimes_B M,C}}(C),$$

$$\mathrm{H}_n^{\mathcal{E}_{M,B}}(B) \simeq \mathrm{H}_n^{\mathcal{E}_{N\otimes_B M,C}}(C,S) \simeq \mathrm{H}_n^{\mathcal{E}_{N\otimes_B M,C}}(C, C \oplus Q)$$
$$\simeq \mathrm{H}_n^{\mathcal{E}_{N\otimes_B M,C}}(C) \oplus \mathrm{H}_n^{\mathcal{E}_{N\otimes_B M,C}}(C,Q) \simeq \mathrm{H}_n^{\mathcal{E}_{N\otimes_B M,C}}(C).$$

(b) 由 (a) 及定理 9.2(b), 即得. □

假定 N 具有 C-A-双模结构, 则由 B 和 C 是 Morita 型稳定等价中 B 和 C 的对称性, 我们同样可以考虑由满态射构成的投射类 $\mathcal{E}_{N,C}$ 和 $\mathcal{E}_{M\otimes_C N,B}$. 同样的讨论, 可得 C 的 $_C N_A$-相对 Hochschild(上) 同调和 B 的 $_B(M \otimes_C N)_A$-相对 Hochschild(上) 同调之间的关系. 记 $N^* = \mathrm{Hom}_C(N,C)$. 即我们有如下结论.

定理 9.3 设 k 是完备域, A 是 k-代数, B 和 C 是不可分解的有限维 k-代数. 假设不可分解双模 $_B M_C$ 和 $_C N_B$ 诱导了 B 和 C 之间的一个 Morita 型稳定等价, 且 N 还具有 C-A-双模结构. 则对任意的 $_C Z_C$ 及 $n \geqslant 1$,
(a)
$$\mathrm{H}^n_{\mathcal{E}_{N,C}}(C,Z) \simeq \mathrm{H}^n_{\mathcal{E}_{M\otimes_C N,B}}(B, N^* \otimes_C Z \otimes_C N),$$
$$\mathrm{H}_n^{\mathcal{E}_{N,C}}(C,Z) \simeq \mathrm{H}_n^{\mathcal{E}_{M\otimes_C N,B}}(B, N^* \otimes_C Z \otimes_C N).$$

特别地,
$$\mathrm{hch.dim}_N(C) \leqslant \mathrm{hch.dim}_{M\otimes_C N}(B),$$
$$\mathrm{hh.dim}_N(C) \leqslant \mathrm{hh.dim}_{M\otimes_C N}(B).$$

(b) 进一步地, 若 N 的 C-A-双模结构是由 k-代数同态 $\nu: A \longrightarrow B$ 诱导的, 则

$$\mathrm{H}^n_{\mathcal{E}_{N,C}}(C,Z) \simeq \mathrm{H}^n(B|A, N^* \otimes_C Z \otimes_C N),$$
$$\mathrm{H}_n^{\mathcal{E}_{N,C}}(C,Z) \simeq \mathrm{H}_n(B|A, N^* \otimes_C Z \otimes_C N).$$

特别地,
$$\mathrm{hch.dim}_N(C) \leqslant \mathrm{hch.dim}(B|A),$$
$$\mathrm{hh.dim}_N(C) \leqslant \mathrm{hh.dim}(B|A).$$

推论 假设条件如定理 9.3, 则对任意的 $n \geqslant 1$,
(a) $\mathrm{H}^n_{\mathcal{E}_{N,C}}(C) \simeq \mathrm{H}^n_{\mathcal{E}_{M\otimes_C N,B}}(B)$, $\mathrm{H}^{\mathcal{E}_{N,C}}_n(C) \simeq \mathrm{H}^{\mathcal{E}_{M\otimes_C N,B}}_n(B)$.
(b) 进一步地, 若 N 的 C-A-双模结构是由 k-代数同态 $\nu: A \longrightarrow B$ 诱导的, 则

$$\mathrm{H}^n_{\mathcal{E}_{N,C}}(C) \simeq \mathrm{H}^n(B|A,B), \quad \mathrm{H}^{\mathcal{E}_{N,C}}_n(C) \simeq \mathrm{H}_n(B|A,B).$$

注 (1) 设 k 是完备域. 由定理 9.2 和定理 9.3 的两个推论, 我们看到不可分解的有限维 k-代数的模-相对 Hochschild (上) 同调在 Morita 型稳定等价下是保持不变的. 从而由 [102, 定理 2.2] 以及定理 8.2 的推论 1 可知, 任意有限维 k-代数间的 Morita 型稳定等价都保持模-相对 Hochschild(上) 同调.

(2) 由于导出等价的自入射代数之间存在一个 Morita 型稳定等价[117], 从而自入射代数的导出等价也保持代数的模-相对 Hochschild(上) 同调.

由定理 9.2 及定理 9.3, 我们可从光滑扩张得到形式光滑双模.

推论 设 k 是完备域, A 是 k-代数, B 和 C 是有限维 k-代数, 双模 $_BM_C$ 和 $_CN_B$ 诱导了 B 和 C 之间的一个 Morita 型稳定等价.
(a) 若存在 k-代数同态 $\nu: A \longrightarrow B$, 则
  (1) 若 ν 是可分扩张, 则 $_CN_A$ 是可分双模;
  (2) 若 ν 是形式光滑扩张, 则 $_CN_A$ 是形式光滑双模.
(b) 若存在 k-代数同态 $\mu: A \longrightarrow C$, 则
  (1) 若 μ 是可分扩张, 则 $_BM_A$ 是可分双模;
  (2) 若 μ 是形式光滑扩张, 则 $_BM_A$ 是形式光滑双模.

注 (1) 当 B 和 C 是 Morita 等价时, 上述可分扩张以及形式光滑扩张条件都是充分必要条件[4, 134].

(2) $_BM_C$ 和 $_CN_B$ 都是可分双模. 进而双模 $_BM \otimes_C N_B$ 和 $_CN \otimes_B M_C$ 也都是可分的 (见文献 [37, 推论 2.9]).

9.3 Morita 型稳定等价下通常的 Hochschild 同调和上同调

本节中仍假定 k 是完备域, 双模 $_BM_C$ 和 $_CN_B$ 诱导了有限维 k-代数 B 和 C 之间的一个 Morita 型稳定等价. 进一步地, 假设 A 是可分 k-代数且存在 k-代数同态 $\nu: A \longrightarrow B$ 以及 $\mu: A \longrightarrow C$.

ν 诱导了 B 的 B-A-双模结构, 又 B 作为左 B-模是投射生成子, 从而有满态射构成的投射类 $\mathcal{E}_{B,B}$. 注意到 $f \in \mathcal{E}_{B,B}$ 当且仅当 f 作为 A-B-双模态射是可裂满的. 比较 $\mathcal{E}_{B,B}$ 和 $\mathcal{E}_{M,B}$, 我们有如下结论.

引理 9.8 设 A 是可分 k-代数, 则 $\mathcal{E}_{B,B} = \mathcal{E}_{M,B}$.

证 A 是可分 k-代数, 则 A 是投射 A-A-双模, 从而 ${}_BM_A \simeq {}_BM \otimes_A A_A$ 和 ${}_BB_A \simeq {}_BB \otimes_A A_A$ 是投射 B-A-双模. 设 $f \in \mathcal{E}_{B,B}$, 则 f 在 ${}_A\mathcal{M}_B$ 中可裂满, 从而在 ${}_k\mathcal{M}_B$ 中可裂满. 注意到

$$\mathrm{Hom}_B({}_BM \otimes_A (A \otimes_k A^{op})_A, f) \simeq \mathrm{Hom}_B({}_BM \otimes_k A_A, f) \simeq \mathrm{Hom}_k({}_kA_A, \mathrm{Hom}_B({}_BM_k, f)).$$

又 M 作为左 B-模是有限生成投射的, 且 $f \simeq \mathrm{Hom}_B({}_BB_k, f)$ 在 ${}_k\mathcal{M}_B$ 中是可裂满的, 从而 $\mathrm{Hom}_B({}_BM_k, f)$ 在 ${}_k\mathcal{M}_B$ 中可裂满, 进而 $\mathrm{Hom}_k({}_kA_A, \mathrm{Hom}_B({}_BM_k, f))$ 在 ${}_A\mathcal{M}_B$ 中也是可裂满的. 由 A 作为 A-A-双模投射可知

$$\mathrm{Hom}_B({}_BM_A, f) \simeq \mathrm{Hom}_B({}_BM \otimes_A A_A, f)$$

在 ${}_A\mathcal{M}_B$ 中是可裂满的. 因此, $f \in \mathcal{E}_{M,B}$, 即有 $\mathcal{E}_{B,B} \subseteq \mathcal{E}_{M,B}$.

反过来, 设 $f \in \mathcal{E}_{M,B}$. 因为 M 作为左 B-模是生成子, 从而 $\mathrm{Hom}_B(M, f)$ 在 ${}_A\mathcal{M}_B$ 中可裂满就暗含着 $f = \mathrm{Hom}_B(B, f)$ 在 ${}_k\mathcal{M}_B$ 中也是可裂满. 采取如上同样的讨论, 由 f 在 ${}_k\mathcal{M}_B$ 中可裂满知

$$\mathrm{Hom}_B({}_BB \otimes_A (A \otimes_k A^{op})_A, f) \simeq \mathrm{Hom}_k({}_kA_A, \mathrm{Hom}_B({}_BB_k, f))$$

在 ${}_A\mathcal{M}_B$ 中可裂满. 从而 $\mathrm{Hom}_B({}_BB_A, f)$ 在 ${}_A\mathcal{M}_B$ 中可裂满, 即 $f \in \mathcal{E}_{B,B}$. 即证. □

命题 9.3 设 A 是可分 k-代数, 则对任意的 ${}_BY_B$ 及 $n \geqslant 0$, 我们有

$$\mathrm{H}^n_{\mathcal{E}_{M,B}}(B, Y) = \mathrm{H}^n_{\mathcal{E}_{B,B}}(B, Y), \quad \mathrm{H}_n^{\mathcal{E}_{M,B}}(B, Y) = \mathrm{H}_n^{\mathcal{E}_{B,B}}(B, Y).$$

证 由引理 9.8 和模-相对 Hochschild(上) 同调的定义即得. □

定理 9.4 设 k 是完备域, A 是可分 k-代数, B, C 是有限维 k-代数. 假设存在 k-代数同态 $A \longrightarrow B$ 以及 $A \longrightarrow C$, 且双模 ${}_BM_C$ 和 ${}_CN_B$ 诱导了 B 和 C 之间的一个 Morita 型稳定等价. 则对任意 ${}_BY_B, {}_CZ_C$ 及 $n \geqslant 1$,

(a)
$$\mathrm{H}^n(B|A, Y) \simeq \mathrm{H}^n(C|A, M^* \otimes_B Y \otimes_B M),$$
$$\mathrm{H}_n(B|A, Y) \simeq \mathrm{H}_n(C|A, M^* \otimes_B Y \otimes_B M).$$

(b)
$$\mathrm{H}^n(C|A, Z) \simeq \mathrm{H}^n(B|A, N^* \otimes_C Z \otimes_C N),$$
$$\mathrm{H}_n(C|A, Z) \simeq \mathrm{H}_n(B|A, N^* \otimes_C Y \otimes_C N).$$

特别地,
$$\mathrm{hch.dim}(B|A) = \mathrm{hch.dim}(C|A),$$
$$\mathrm{hh.dim}(B|A) = \mathrm{hh.dim}(C|A).$$

9.3 Morita 型稳定等价下通常的 Hochschild 同调和上同调

证 (a) 结合定理 9.2(b)、定理 9.3(b)、定理 7.3 及定理 7.4、命题 9.3, 我们有

$$\mathrm{H}^n(B|A,Y) \simeq \mathrm{H}^n_{\mathcal{E}_{B,B}}(B,Y) = \mathrm{H}^n_{\mathcal{E}_{M,B}}(B,Y) \simeq \mathrm{H}^n(C|A, M^* \otimes_B Y \otimes_B M),$$

$$\mathrm{H}_n(B|A,Y) \simeq \mathrm{H}_n^{\mathcal{E}_{B,B}}(B,Y) = \mathrm{H}_n^{\mathcal{E}_{M,B}}(B,Y) \simeq \mathrm{H}_n(C|A, M^* \otimes_B Y \otimes_B M).$$

(b) 采用引理 9.8 和命题 9.3 同样的讨论, 对任意的 $_CZ_C$ 及 $n \geqslant 0$, 我们有

$$\mathrm{H}^n_{\mathcal{E}_{N,C}}(C,Z) = \mathrm{H}^n_{\mathcal{E}_{C,C}}(C,Z), \quad \mathrm{H}_n^{\mathcal{E}_{N,C}}(C,Z) = \mathrm{H}_n^{\mathcal{E}_{C,C}}(C,Z).$$

从而,

$$\mathrm{H}^n(C|A,Z) \simeq \mathrm{H}^n_{\mathcal{E}_{C,C}}(C,Z) = \mathrm{H}^n_{\mathcal{E}_{N,C}}(C,Z) \simeq \mathrm{H}^n(B|A, N^* \otimes_C Z \otimes_C N),$$

$$\mathrm{H}_n(C|A,Z) \simeq \mathrm{H}_n^{\mathcal{E}_{B,B}}(C,Z) = \mathrm{H}_n^{\mathcal{E}_{N,C}}(C,Z) \simeq \mathrm{H}_n(B|A, N^* \otimes_C Z \otimes_C N).$$

结合定理 9.2(b) 和定理 9.3(b), 我们有

$$\mathrm{hch.dim}(B|A) = \mathrm{hch.dim}_M(B) \leqslant \mathrm{hch.dim}(C|A),$$

$$\mathrm{hch.dim}(C|A) = \mathrm{hch.dim}_N(C) \leqslant \mathrm{hch.dim}(B|A),$$

以及

$$\mathrm{hh.dim}(B|A) = \mathrm{hh.dim}_M(B) \leqslant \mathrm{hh.dim}(C|A) = \mathrm{hh.dim}_N(C) \leqslant \mathrm{hh.dim}(B|A).$$

即证. □

定理 9.5[106,定理1.2.13] 设 A 是可分 k-代数. 假设存在 k-代数同态 $A \longrightarrow B$. 则对任意 $_BY_B$ 及 $n \geqslant 0$, 我们有

$$\mathrm{H}^n(B|A,Y) \simeq \mathrm{HH}^n(B,Y), \quad \mathrm{H}_n(B|A,Y) \simeq \mathrm{HH}_n(B,Y).$$

证 设 A 是可分 k-代数, 则任意的 A-A-双模都是投射的. 从而对任意的 $_AX_A$, $B \otimes_A X \otimes_A B$ 都是 B-B-双模投射的. 又 $_BB_B$ 的标准 $\mathcal{E}_{B,B}$-投射分解实际上就是 $_BB_B$ 的一个 B-B-双模投射分解. 从而, 对任意的 $_BY_B$ 及 $n \geqslant 0$, 我们有

$$\mathrm{H}^n_{\mathcal{E}_{B,B}}(B,Y) \simeq \mathrm{HH}^n(B,Y), \quad \mathrm{H}_n^{\mathcal{E}_{B,B}}(B,Y) \simeq \mathrm{HH}_n(B,Y).$$

注意到 $\mathrm{H}^n_{\mathcal{E}_{B,B}}(B,Y) \simeq \mathrm{H}^n(B|A,Y)$, $\mathrm{H}_n^{\mathcal{E}_{B,B}}(B,Y) \simeq \mathrm{H}_n(B|A,Y)$. 即证. □

注 由定理 9.5 知, $\mathrm{hch.dim}(B|A) = \mathrm{hch.dim}(B|k)$, $\mathrm{hh.dim}(B|A) = \mathrm{hh.dim}(B|k)$.

推论 1 假设条件如定理 9.4. 则对任意的 $n \geqslant 1$, 我们有

$$\mathrm{HH}^n(B) \simeq \mathrm{H}^n(B|A,B) \simeq \mathrm{H}^n_{\mathcal{E}_{M,B}}(B) \simeq \mathrm{H}^n_{\mathcal{E}_{N,C}}(C) \simeq \mathrm{H}^n(C|A,C) \simeq \mathrm{HH}^n(C),$$

$$\mathrm{HH}_n(B) \simeq \mathrm{H}_n(B|A,B) \simeq \mathrm{H}_n^{\mathcal{E}_{M,B}}(B) \simeq \mathrm{H}_n^{\mathcal{E}_{N,C}}(C) \simeq \mathrm{H}_n(C|A,C) \simeq \mathrm{HH}_n(C).$$

作为定理 9.4 和上述推论 1 的应用, 我们有如下结论.

推论 2 设 k 是完备域, A 是可分 k-代数, B 和 C 是有限维 k-代数. 假设存在 k-代数同态 $A \longrightarrow B$ 以及 $A \longrightarrow C$, 且双模 $_BM_C$ 和 $_CN_B$ 诱导了 B 和 C 之间的一个 Morita 型稳定等价, 则如下断言是等价的:

(a) $_BM_A$ 是形式光滑双模;

(a') $_BM_k$ 是形式光滑双模;

(b) $_CN_A$ 是形式光滑双模;

(b') $_CN_k$ 是形式光滑双模;

(c) k-代数同态 $A \longrightarrow B$ 是形式光滑扩张;

(c') k-代数同态 $k \longrightarrow B$ 是形式光滑扩张;

(d) k-代数同态 $A \longrightarrow C$ 是形式光滑扩张;

(d') k-代数同态 $k \longrightarrow C$ 是形式光滑扩张.

注 事实上, 我们在 9.2 节和 9.3 节中, 要求域是完备域, 主要用在: 可由 Morita 型稳定等价得到伴随型稳定等价, 以及得到定义 9.1 中的 $_CQ_C$ 既是双模投射也是双模内射. 近来, Xi 等证明了对一般域上的有限维代数, 只要不含半单直和项, 即可得到这两点 (参见 [39, 引理 4.1]). 因此, 我们在书中对完备域上的有限维代数 B 和 C 得到的结论, 对一般域上的不含半单直和项的有限维代数也成立. 即不含半单直和项的有限维代数间的 Morita 型稳定等价保持代数的模-相对 Hochschild (上) 同调.

9.4 例 子

本章最后给出一个简单的例子, 以说明模-相对 Hochschild (上) 同调与通常的 Hochschild (上) 同调的差别.

我们考虑文献 [103, 例 1] 中的代数. 设 B 是箭图为 $1 \xrightarrow{\alpha} 2 \xrightarrow{\beta} 3$ 的路代数. 令 $T = P_1 \oplus P_3 \oplus S_1$, 其中 P_i 是顶点为 i 的投射左 B-模, S_i 表示对应的单 B-模. 倾斜代数 $C = \mathrm{End}(_BT)$ 由同一箭图 $1 \xrightarrow{\alpha} 2 \xrightarrow{\beta} 3$ 以及关系 $\alpha\beta = 0$ 给定. 由 [117, 推论 5.4] 知, 平凡扩张代数 TB 和 TC 是 Morita 型稳定等价的.

注意到, TB 由箭图

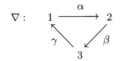

9.4 例子

和关系
$$\alpha\beta\gamma\alpha = 0, \quad \beta\gamma\alpha\beta = 0, \quad \gamma\alpha\beta\gamma = 0$$
给出. TC 由箭图
$$\Delta: \quad 1' \underset{\rho'}{\overset{\rho}{\rightleftarrows}} 2' \underset{\delta'}{\overset{\delta}{\rightleftarrows}} 3'$$

和关系
$$\rho\delta = \delta'\rho' = \rho'\rho - \delta\delta' = 0$$
给出.

设 $_{TB}M_{TC}$ 和 $_{TC}N_{TB}$ 诱导了 TB 和 TC 之间的 Morita 型稳定等价. 注意到 TB 和 TC 都是不可分解代数. 总可假定双模 $_{TB}M_{TC}$ 和 $_{TC}N_{TB}$ 都是不可分解的. 令 $A = TC$. 考虑 TB 在 TC 上的一阶 $_{TB}M_{TC}$-相对 Hochschild 上同调和同调: $\mathrm{H}^1_{\mathcal{E}_{M,TB}}(TB)$ 和 $\mathrm{H}_1^{\mathcal{E}_{M,TB}}(TB)$; 以及 TC 在 TC 上的一阶 $_{TC}(N \otimes_{TB} M)_{TC}$-相对 Hochschild 上同调和同调: $\mathrm{H}^1_{\mathcal{E}_{N\otimes_{TB}M,TC}}(TC)$ 和 $\mathrm{H}_1^{\mathcal{E}_{N\otimes_{TB}M,TC}}(TC)$. 由定理 9.3 后面的注 (2) 可知, 双模 $_{TB}M_{TC}$, $_{TC}N_{TB}$ 以及 $_{TC}(N \otimes_{TB} M)_{TC}$ 都是可分的. 从而

$$\mathrm{hch.dim}_M(TB) = \mathrm{hch.dim}_{N\otimes_{TB}M}(TC) = 0,$$
$$\mathrm{hh.dim}_M(TB) = \mathrm{hh.dim}_{N\otimes_{TB}M}(TC) = 0,$$

即有
$$\mathrm{H}^1_{\mathcal{E}_{M,TB}}(TB) = \mathrm{H}^1_{\mathcal{E}_{N\otimes_{TB}M,TB}}(TC) = 0,$$
$$\mathrm{H}_1^{\mathcal{E}_{M,TB}}(TB) = \mathrm{H}_1^{\mathcal{E}_{N\otimes_{TB}M,TB}}(TC) = 0.$$

而由定理 9.5 的推论 1 及 [46, 定理 5.5] (也可参见 [144]) 知

$$\mathrm{HH}^1(TB) \simeq \mathrm{HH}^1(TC) \neq 0.$$

对于 Hochschild 同调, 利用 TB 的 Bardzell 双模投射分解[15], 直接计算可得

$$\dim_k \mathrm{HH}_1(TB) = 1,$$

即有

$$\mathrm{HH}_1(TB) \simeq \mathrm{HH}_1(TC) \neq 0.$$

参 考 文 献

[1] Ames G, Cagliero L, Tirao P. Comparison morphisms and the Hochschild cohomology ring of truncated quiver algebras. J. Algebra, 2009, 322: 1466-1497

[2] Anderson F W, Fuller K R. Rings and Categories of Modules. 2nd ed. Graduate Texts in Math., 13. New York: Springer-Verlag, 1992

[3] Ardizzoni A. Separable functors and formal smoothness. J. K-Theory, 2008, 1: 535-582

[4] Ardizzoni A, Brzezińskib T, Menini C. Formally smooth bimodules. J. Pure Appl. Algebra, 2008, 212: 1072-1085

[5] Andrea S, Mariano S A, Quimey V. Hochschild homology and cohomology of Generalized Weyl algebras: the quantum case. arXiv:1106.5289v1 [math.KT]

[6] Ardizzoni A, Menini C, Stefan D. Hochschild cohomology and smoothness in monoidal categories. J. Pure Appl. Algebra, 2007, 208: 297-330

[7] Ardizzoni A, Menini C, Stefan D. A Monoidal approach to splitting morphisms of bialgebras. Trans. Amer. Math. Soc., 2007, 359: 991-1044

[8] Assem I, De la Peña J A. The foundamental groups of a triangular algebra. Comm. Algebra, 1996, 24(1): 187-208

[9] Assem I, Marcos E N, De la Peña J A. The simple connectness of a tame tiltedd algebra. J. Algebra, 2001, 237: 647-656

[10] Assem I, Skowroński A. Iterated tilted algebras of type $\mathbb{A}$. Math. Z., 1987, 195: 269-290

[11] Auslander M, Reiten I. On a theorem of E. Green on the dual of the transpose. Canad. Math. Soc. Conf. Proc., 1991, 11: 53-65

[12] Auslander M, Reiten I, Smalø S O. Representation Theory of Artin Algebras. Cambridge Studies in Advanced Mathematics 36. Cambridge: Cambridge University Press, 1995

[13] Auslander M, Solberg Ø. Relative homology and representation theory I, Relative homology and homologically finite subcategories. Comm. Algebra, 1993, 21(9): 2995-3031

[14] Avramov L L, Vigueé-Poirrier M. Hochschild homology criteria for smoothness. Internat. Math. Research Notices, 1992, 1: 17-25

[15] Bardzell M J. The alternating syzygy behavior of monomial algebras. J. Algebra, 1997, 188: 69-89

[16] Bardzell M J, Locateli A C, Marcos E N. On the Hochschild cohomology of truncated cycle algebras. Comm. Algebra, 2000, 28: 1615-1639

[17] Baues H J, Hennes M. The homotopy classification of $(n-1)$-connected $(n+3)$-dimensional polyhedra, $n \geqslant 4$. Topology, 1991, 30: 373-408

[18] Beilinson A, Ginszburg V, Soergel W. Koszul duality patterns in representation theory. J. Amer. Math. Soc., 1996, 9: 473-527

[19] Bergh P A, Erdmann K. Homology and cohomology of quantum complete intersections. Algebra Number Theory, 2008, 2: 501-522

[20] Bergh P A, Han Y, Madsen D. Hochschild homology and truncated cycles. Proc. Amer. Math. Soc., 2012, 140: 1133-1139

[21] Bergh P A, Madsen D. Hochschild homology and global dimension. Bull. London Math. Soc., 2009, 41: 473-482

[22] Birman J, Wenzl H. Braids, link polynomials and a new algebra. Trans. Amer. Math. Soc., 1989, 313: 249-273

[23] Bongartz K, Gabriel P. Covering spaces in representation-theory. Invent. Math., 1981-1982, 65: 331-378

[24] Broué M. Equivalences of blocks of group algberas//Dlab V, Scott L L. Finite Dimensional Algebras and Related Topics. Dordrecht: Kluwer Academic, 1994: 1-26

[25] Brüstle T, Hille L. Actions of parabolic subgroups in GL(V) on unipotent normal subgroups and quasi-hereditary algebras. Colloq. Math., 2000, 83: 281-294

[26] Brüstle T, Hille L. Matrices over upper triangular bimodules over quasi-hereditary algebras. Colloq. Math., 2000, 83: 295-303

[27] Brüstle T, Hille L. Finite, tame and wild actions of parabolic subgroups in GL(V) on certain unipotent subgroups. J. Algebra, 2000, 226: 347-360

[28] Brzezinski T, Wisbauer R. Corings and Comodules. New York: Cambridge University Press, 2003

[29] Buchweitz R, Green E L, Madsen D, Solberg Ø. Finite Hochschild cohomology without finite global dimention. Math. Res. Lett., 2005, 12: 805-816

[30] Buchweitz R, Green E L, Snashall N, Solberg Ø. Multiplicative structures for Koszul algebras. Quart. J. Math., 2008, 59(4): 441-454

[31] Buchweitz R, Liu S. Artin algebras with loops but no outer derivations. Alg. Represent. Theory, 2002, 5(2): 149-162

[32] Bustamante J C. The cohomology structure of string algebras. J. Pure Appl. Algebra, 2006, 204: 616-626

[33] Butler M C R, King A D. Minimal resolutions of algebras. J. Algebra, 1999, 212: 323-362

[34] Butler M C R, Ringel C M. Auslander-Reiten sequences with few middle terms and applications to string algebras. Comm. Algebra, 1987, 15: 145-179

[35] Caenepeel S, Kadison L. Are biseparable extensions Frobenius? K-Theory, 2001, 24: 361-383

[36] Caenepeel S, Militaru G, Zhu S L. Frobenius separable functors for generalized module categories and nonlinear equations. Lecture Notes in Mathematics, 2002: 1787

[37] Caenepeel S, Zhu B. Separable bimodules and approximations. Alg. Represent. Theory, 2005, 8: 207-223

[38] Cartan H, Eilenberg S. Homological Algebra. Princeton: Princeton University Press, 1956

[39] Chen H X, Pan S Y, Xi C C. Inductions and restrictions for stable equivalences of Morita type. J. Pure Appl. Algebra, 2012, 216(3): 643-661

[40] Cibils C. 2-nilpotent and rigid finite-dimensional algebras. J. London Math. Soc., 1987, 36: 211-218

[41] Cibils C. On the Hochschild cohomology of finite-dimensional algebras. Comm. Algebra, 1988, 16: 645-649

[42] Cibils C. Cohomology of incidence algebras and simplicial complexes. J. Pure Appl. Algebra, 1989, 56: 221-232

[43] Cibils C. Rigidity of truncated quiver algebras. Adv. Math., 1990, 79: 18-42

[44] Cibils C. Rigid monomial algebras. Math. Ann., 1991, 289: 95-109

[45] Cibils C. Hochschild cohomology algebra of radical square zero algebras. Algebras and Modules, II (Geiranger, 1996), 93-101, CMS Conf. Proc., 24, Amer. Math. Soc., Providence, RI, 1998

[46] Cibils C, Saorín M. The first cohomology group of an algebra with coefficients in a bimodule. J. Algebra, 2001, 237: 121-141

[47] Cline E, Parshall B, Scott L. Finite dimensional algebras and highest weight categories. J. Reine Angew, Math., 1988, 391: 85-99

[48] Crawley-Boevey W, Etingof P, Ginzburg V. Noncommutative geometry and quiver algebras. Adv. Math., 2007, 209: 274-336

[49] Cuntz J, Quillen D. Algebra extensions and nonsingularity. J. Amer. Math. Soc., 1995, 8: 251-289

[50] De la Peña J A, Xi C C. Hochschild cohomology of algebras with homological ideals. Tsukuba J. Math., 2006, 30(1): 61-80

[51] Deng B M. A construction of characteristic tilting modules. Acta Math. Sinica., 2002, 18(1): 129-136

[52] Dlab V, Drozd J A, Kirichenko V V. Finite-dimensional Algebras. Berlin: Springer-Verlag, 1994

[53] Dräxler P, Reiten I, SmalØ S O, Solberg Ø. Exact categories and vector space categories. Trans. Amer. Math. Soc., 1999, 351: 647-682

[54] Drozd Y A, Greuel G M. Tame and wild projective curves and classification of vector bundles. J. Algebra, 2001, 246: 1-54

[55] Dugas A S, Martínez-Villa R. A note on stable equivalence of Morita type. J. Pure Appl. Algebra, 2007, 208(2): 421-433

[56] Enochs E E, Jenda O M G. Relative Homological Algebra. De Gruyter Expositions in Mathematics, 30. Berlin, New York: Walter de Gruyter & Co, 2000

[57] Erdmann K. Blocks of Tame Representation Type and Ralated Algebras. Berlin:

Springer, 1990

[58] Erdmann K, Green E L, Snashall N, Taillefer R. Representation theory of the Drinfeld doubles of a family of Hopf algebras. J. Pure Appl. Algebra, 2006, 204: 413-454

[59] Erdmann K, Holm T. Twisted bimodules and Hochschild cohomology for self-injective algebras of class A_n. Forum Math., 1999, 11: 177-201

[60] Erdmann K, Schroll S. On the Hochschild cohomology of tame Hecke algebras. Arch. Math., 2010, 94: 117-127

[61] Erdmann K, Snashall N. On Hochschild Cohomology of preprojective algebras, II. J. Algebra, 1998, 205: 413-434

[62] Fan J M, Xu Y G. On Hochschild cohomology ring of Fibonacci algebras. Fron. Math. China, 2006, 1(4): 526-537

[63] 范金梅, 徐运阁. Fibonacci 代数的 Hochschild 上同调群. 数学年刊 (A 辑), 2007, 28: 359-370

[64] Farnsteiner R, Skowroński A. Classification of restricted Lie algebras with tame principal block. J. Reine Angew. Math., 2002, 546: 1-45

[65] Farnsteiner R, Skowroński A. The tame infinitesimal groups of odd characteristic. Adv. Math., 2006, 204: 229-274

[66] Geigle W, Lenzing H. Perpendicular categories with applications to representations and sheaves. J. Algebra, 1991, 144: 273-343

[67] Geiss Ch, De la Peña J A. On the deformation theory of algebras. Manuscripta Math., 1995, 88: 191-208

[68] Gelfand I M, Ponomarev V A. Indecomposable representations of the Lorentz group. Russian Math. Surveys, 1068, 23: 1-58

[69] Gerstenhaber M. The cohomology strunctrue of an associative ring. Ann. Math., 1963, 78: 267-288

[70] Gerstenhaber M. On the deformation of rings and algebras. Ann. Math., 1964, 79: 59-103

[71] Gerstenhaber M, Schack S P. Simplicial homology is Hochschild cohomology. J. Pure Appl. Algebra, 1983, 30: 143-156

[72] Gerstenhaber M, Schack S P. Algebraic Cohomology and Deformation Theory. Dordrecht: Kluwer Academic, 1988

[73] Green E L. Introduction to Koszul algebras. London Math. Soc. Lecture Note Ser., 1995, 238: 45-62

[74] Green E L, Happel D, Zacharia D. Projective resolutions over artin algebras with zero relations. Illinois J. Math., 1983, 29: 80-190

[75] Green E L, Hartman G, Marcos E N, Solberg Ø. Resolutions over Koszul algebras. Arch. Math., 2005, 85: 118-127

[76] Green E L, Martínez-Villa R. Koszul and Yoneda algebras. Canadian Math. Soc.,

1994, 18: 247-298

[77] Green E L, Martínez-Villa R. Koszul and Yoneda algebras II. Canadian Math. Soc., 1996, 24: 227-244

[78] Green E L, Solberg Ø. Hochschild cohomology rings and triangular rings// Happel D, Zhang Y B. Representations of Algebras-Proceedings of the Ninth International Conference. Beijing: Beijing Normal University Press, 2002, 2: 192-200

[79] Green E L, Solberg Ø, Zacharia D. Minimal projective resolutions. Trans. Amer. Math. Soc., 2001, 353: 2915-2939

[80] Han Y. Hochschild (co)homology dimension. J. London Math. Soc., 2006, 73(3): 657-668

[81] Zhao D K, Han Y. Koszul algebras and finite Galois coverings. Science in China, Series A, 2009, 52(10): 2145-2153

[82] Happel D. Hochschild cohomology of finite-dimentional algebras. Springer Lecture Notes in Math., 1989, 1404: 108-126

[83] Happel D. Hochschild cohomology of Auslander algebras. IEEE, 1990

[84] Hartshone R. Residues and Duality. New York: Springer-Verlag, 1966

[85] Hille L, Vossieck D. The quasi-hereditary algebra associated to the radical bimodule over a hereditary algebra. Colloq. Math., 2003, 98(2): 201-211

[86] Hilton P J, Stammbach U. A Course in Homological Algebra. Graduate Texts in Mathematics, vol. 4. NewYork: Springer, 1971

[87] Hochschild G. On the cohomology groups of an associative algebra. Ann. Math., 1945, 46(1): 58-67

[88] Hochschild G. Relative homological algebra. Trans. Amer. Math. Soc., 1956, 82: 246-269

[89] Igusa K. Notes on the no loop conjecture. J. Pure Appl. Algebra, 1990, 69: 161-176

[90] Jara P, Llena D, Merino L, Stefan D. Hereditary and formally smooth coalgebras. Alg. Represent. Theory, 2005, 8(3): 363-374

[91] Jones V F R. Index for subfactors. Invent. Math., 1983, 72: 1-25

[92] Jones V F R. A polynomial invariant for links via von Neumann algebras. Bull. Amer. Math. Soc., 1985, 129: 103-112

[93] Kauffman L H. Knots in Physics. River Edge, NJ: World Scientic Press, 1994

[94] Keller B. Invariance of cyclic homology under derived equivalence. CMS Conf. Proc., 18. Amer. Math. Soc., Providence, RI, 1996: 353-361

[95] Kontsevich M, Rosenberg A. Noncommutative Smooth Spaces. Boston: Birkhäuser, 2000: 85-108

[96] Kontsevich M, Rosenberg A. Noncommutative Spaces. 2004. Preprint MPIM2004-35.

[97] Krause H. Representation type and stable equivalences of Morita type for finite dimensional algebras. Math. Z., 1998, 229: 601-606

[98] Locateli A C. Hochschild cohomology of truncated quiver algebras. Comm. Algebra, 1999, 27: 645-664

[99] Linckelmann M. Stable equivalences of Morita type for self-injective algebras and p groups. Math. Z., 1996, 223: 87-100

[100] Liu S P, Schulz R. The existence of bounded infinite DTr-orbits. Proc. Amer. Math. Soc., 1994, 122: 1003-1005

[101] Liu S X, Zhang P. Hochschild homology of truncated algebras. Bull. London Math. Soc., 1994, 26: 427-430

[102] Liu Y M. Summands of stable equivalences of Morita type. Comm. Algebra, 2008, 36(10): 3778-3782

[103] Liu Y M, Xi C C. Constructions of stable equivalences of Morita type for finite dimensional algebras I. Trans. Amer. Math. Soc., 2006, 358: 2537-2560

[104] Liu Y M, Xi C C. Constructions of stable equivalences of Morita type for finite dimensional algebras II. Math. Z., 2005, 251(1): 21-39

[105] Locateli A C. Hochschild cohomology of truncated quiver algebras. Comm. Algebra, 1999, 27: 645-664

[106] Loday J L. Cyclic Homology. Berlin: Springer-Verlag, 1992

[107] Löfwall C. On the Subalgebra Generated by the One Dimentional Elements in the Yoneda Ext-Algebra. Berlin, Heidelberg: Springer-Verlag, 1983

[108] Mac Lane S. Homology. Berlin: Springer-Verlag, 1963

[109] Mac Lane S. Categories for the Working Mathematician. 2nd ed. New York: Springer-Verlag, 1998

[110] Martínez-Villa R. Applications of Koszul algebras. Amer. Math. Soc., 1994, 18: 487-504

[111] Năstăsescu C, van den Bergh M, van Oystaeyen F. Separable functors applied to graded rings. J. Algebra, 1989, 123: 397-413

[112] Parshall B, Scott L. Derived categories, quasi-hereditary algebras and algebraic groups. Mathematical Lecture Notes Series 3, Carleton University, 1988: 1-105

[113] Patra M K. On the structure of nonsemisimple Hopf algebras. J. Phys. A Math. Gen., 1999, 32: 159-166

[114] Pogorzaly Z. Invariance of Hochschild cohomology algebras under stable equivalences of Morita type. J. Math. Japan, 2001, 53(4): 913-918

[115] Priddy S. Koszul resolutions. Trans. Amer. Math. Soc., 1970, 152: 39-60

[116] Rafael M D. Separable functors revisited. Comm. Algebra, 1990, 18: 1445-1459

[117] Rickard J. Derived equivalences as derived functors. J. London Math. Soc., 1991, 43(2): 37-48

[118] Ringel C M. The indecomposable repersentations of the dihedral 2-groups. Math. Ann., 1975, 214: 19-34

[119] Rotman J J. An Introduction to Homological Algebra. New York: Academic Press, 1979

[120] Sánchez-Flores S. The Lie module structure on the Hochschild cohomology groups of monomial algebras with radical square zero. J. Algebra, 2008, 320: 4249-4269

[121] Schelter W F. Smooth algebras. J. Algebra, 1986, 103: 677-685

[122] Schröer J. On the infinite radical of a module category. Proc. London Math. Soc., 2000, 81(3): 651-674

[123] Schulz R. A non-projective module without self-extensions. Arch. Math. (Basel), 1994, 62: 497-500

[124] Shepler A V, Witherspoon S. Gerstenhaber brackets for skew group algebras. J. Algebra, 2011, 351(1): 350-381

[125] Siegel S F, Witherspoon S J. The Hochschild cohomology ring of a group algebra. Proc. London Math. Soc., 1999, 79(3): 131-157

[126] Silver L. Noncommutative localizations and applications. J. Algebras, 1967, 7: 44-76

[127] Sköldberg E. The Hochschild homology of truncated and quadratic monomial algebras. J. London Math. Soc., 1999, 59: 76-86

[128] Skowroński A. Simply connected algebras and Hochschild cohomologies. Can. Math. Soc. Proc., 1993, 14: 431-447

[129] Skowroński A, Yamagata K. Socle deformations of self-injective algebras. J. London Math. Soc., 1996, 72: 545-566

[130] Snashall N, Taillefer R. The Hochschild cohomology ring of a class of special biserial algebras. J. Algebra and Its Appl., 2010, 9(1): 73-122

[131] Snashall N, Taillefer R. Hochschild cohomology of socle deformations of a class of Koszul self-injective algebras. Colloq. Math., 2010, 119: 79-93

[132] Solotar A, Vigué-Poirrier M. Two calsses of algebras with infinite Hochschild homology. Proc. Amer. Math. Soc., 2010, 138: 861-869

[133] Strametz C. The Lie algebra structure on the first Hochschild cohomology group of a monomial algebra. Comptes Rendus Mathematique, 2002, 334: 733-738

[134] Sugano K. Note on separability of endomorphism rings. J. Fac. Sci. Hokkaido Univ. Ser. I, 1970/71, 21: 196-208

[135] Suter R. Modules for Uq(sl2). Comm. Math. Phys., 1994, 163: 359-393

[136] Temperley H N V, Lieb E H. Relations between percolation and colouring problems and other graph theoretical problems associated with regular planar lattices: some exact results for the percolation problem. Proc. R. Soc. Lon. (Ser. A), 1971, 322: 251-280

[137] Rotman J J. An introduction to homological Algebra. Pure & Appl. Math. A, 1994, 8(2): 371-375

[138] Westbury B W. The representation theory of the Temperley-Lieb algebras. Math. Z.,

1995, 219(1): 539-565

[139] Xi C C. On representation types of q-Schur algebras. J. Pure Appl. Algebra, 1993, 84: 73-84

[140] Xi C C. Stable equivalences of adjoint type. Forum Math., 2008, 20(1): 81-97

[141] Xiao J. Finite-dimensional representations of Ut(sl(2)) at roots of unity. Can. J. Math., 1997, 49: 772-787

[142] Xu F. Hochschild and ordinary cohomology rings of small categories. Adv. Math., 2008, 219: 1872-1893

[143] Xu P. Noncommutative Poisson algebra. Amer. J. Math., 1994, 116: 101-125

[144] Xu Y G. On the first Hochschild cohomology of trivial extensions of special biserial algebras. Science in China, Series A, 2004, 47(4): 578-592

[145] Xu Y G. Hochschild cohomology of special biserial algebras. Science in China, Series A, 2007, 50(8): 1117-1128

[146] 徐运阁, 陈媛. 二元广义外代数的 Hochschild 同调群. 数学学报, 2006, 49(5): 1091-1098

[147] Xu Y G, Han Y. Hochschild (co)homology of exterior algebras. Comm. Algebra, 2007, 35(1): 115-131

[148] 徐运阁, 李龙才. 根双模 $\text{rad}^t(-,-)$ 问题和拟遗传代数. 数学学报, 2002, 45(3): 606-616

[149] Xu Y G, Xiang H L. Hochschild cohomology rings of d-Koszul algebras. J. Pure Appl. Algebra, 2011, 215: 1-12

[150] 徐运阁, 章超. 截面箭图代数的 Gerstenhaber 括号积. 中国科学, 2011, 41(1): 17-32

[151] 徐运阁, 曾祥勇. 对偶扩张代数的 Hochschild 上同调群. 数学学报, 2006, 49(1): 59-68

[152] Zacharia D. Hochschild homology of quasi-hereditary algebras. Canad. Math. Soc. Conf. Proc., 1996, 19: 681-684

[153] Zhang P. Hochschild cohomology of truncated basic cycle. Science in China, Series A, 1997, 40: 1272-1278

[154] Zhang P. The Hochschild homology of a truncated basic cycle. Algebra Colloq., 1998, 5: 77-84

[155] Zhang P. Selforthogonal radical algebras. Canad. Math. Soc. conf. Proc., 1998, 24: 563-569